华北落叶松细根生态学研究

Study of Fine Root Ecology in *Larix principis-rupprechtii* Forest

杨秀云 著

中国林业出版社

图书在版编目(CIP)数据

华北落叶松细根生态学研究/杨秀云著.—北京:中国林业出版社,2013.12
ISBN 978-7-5038-7317-1

Ⅰ.①华… Ⅱ.①杨… Ⅲ.①华北落叶松-植物生态学-研究
Ⅳ.①S791.229

中国版本图书馆CIP数据核字(2013)第308038号

出版 中国林业出版社(100009 北京西城区刘海胡同7号)
E-mail liuxr.good@163.com 电话 (010)83228353
网址 http://lycb.forestry.gov.cn
印刷 北京北林印刷厂
版次 2013年12月第1版
印次 2013年12月第1次
开本 720mm×1000mm 1/16
印张 9
字数 160千字
定价 48.00元

本书由山西省青年基金项目“华北落叶松细根构型与土壤有效氮营养的关联性研究(2010021028－6)”和“基于关键生态过程的湿地生态安全机理与评价方法研究(2010021027－4)”、山西农业大学学术骨干项目和山西农业大学博士科研启动基金项目共同资助。

前　言

林木根系是树木重要功能器官，根与共生真菌形成菌根，从土壤中吸收水分和养分，而根系死亡和分解则为土壤输送能量和物质，是森林碳、氮、水循环的主要驱动力。森林土壤资源和根系存在明显的空间异质性，它们相互联系、相互制约，林木根系通过形态、生理、菌根等的可塑性对异质性养分做出响应，它们共同构成了森林地下部分空间异质性的主体。

华北落叶松（*Larix principis - rupprechtii*）是华北山地针叶林的主要建群种之一，是华北重要用材林、水源涵养林、景观风景林等，具有较高的利用和保护价值，在生产和经营上均具有重要的战略意义。作者自2003年至今一直从事华北落叶松根系生态学方面的研究，在华北落叶松细根生物量的季节动态、细根生物量异质性、细根与土壤因子的关联性方面有了很好的积累；在华北落叶松细根生物量与林下灌丛细根生物量的竞争方面做了有益的尝试。

本研究的外业工作和内业工作都非常辛苦，在此感谢为本研究付出辛勤劳动的韩有志老师、武小钢老师和张芸香老师；感谢硕士研究生宁鹏、李雪芬、李乐、曹晔、郑丽君等。

研究团队在华北落叶松细根异质性及与环境因子之间的关系研究方面进行了较系统的研究，更深入的根系生物学研究，包括根系形态学、根系生理学、根系的分子生物学方面的研究正在探索中。研究成果的获得，为森林资源的保护和利用，提高森林生产力提供重要的理论依据。一些科学问题解释和分析方面存在不足，希望读者能够批评指正。

作者于山西农业大学

2013年10月4日

前言

目　录

第1章　林木细根生态学研究进展

陆地生态系统的功能在很大程度上依赖于碳(C)的分配格局与过程，以及伴随这个过程中的物质循环(Schlesinger，1999；贺金生等，2004)。根系在发挥植物功能和陆地生态系统能量流动和物质循环中扮演重要角色(Gill & Jackson，2000)。树木根系是森林地下C循环的重要组成部分，因为根系是植物重要的功能器官，它不但固定地上部分，为植物吸收养分和水分，而且通过呼吸和周转消耗光合产物并向土壤输入有机质(Vogt *et al.*，1986；王政权和郭大立，2008)。森林地下根系的生物量大部分累积在粗根中(直径＞2mm)，但是每年用于生长的大部分则被分配到细根(fine root)中，细根具有很高的周转率，是提供植物养分和水分的“源”和消耗C的“汇”(Jackson *et al.*，1997)。细根死亡又是有机质和养分元素向森林土壤归还的重要途径，每年通过枯死细根向土壤归还碳、养分和能量甚至超过地上部分枯落物(Santantinio *et al.*，1987)。根系尤其是细根研究已经成为森林生态系统生态学及全球变化研究中的热点问题之一(Morgan，2002)。

森林土壤是森林生态系统的重要组成部分，也是陆地生态系统最大的有机碳库之一，在全球碳循环中扮演着源、汇、库的作用(Lal，2005；杨万勤，2006)。森林土壤的有机碳储量约为787 PgC($1Pg = 10^{15}g$)约占全球土壤有机碳储量的39%，大约为森林生态系统有机碳库的2/3(Lal，2005)。如果将森林土壤生态系统中根系的碳储量计算在内，森林土壤有机碳库储量将占全球土壤碳库的50%左右，其库容的微小变化，都会对大气CO_2浓度及全球气候变化产生巨大的影响(杨万勤等，2006)。

氮是植物体内许多重要有机化合物的组成元素。在自然状态下，土壤中的氮主要来源于植物—大气的固氮过程。在森林生态系统中，生物对氮的需求量往往大于土壤有机氮矿化速率，所以森林生态系统通常表现为氮缺乏型(Lal，2005)。土壤碳氮比是土壤氮素矿化能力的主要标志，其比值低有利于微生物在有机质分解过程中的养分释放和土壤中的有效氮增加；而植物组织中的碳氮比决定了进入土壤中的枯落物的分解速率和分解量(胡启武等，2006)。土壤是一个多相、多界面的复杂系统，土壤碳氮的变化涉及植被类型、气候变化、土壤理化性状、凋落物分解和土壤呼吸等众多相互联系和相互影响的生物化学过程。在生态系统的物质循环中，土壤碳素和氮素被紧密地联系在一起。

空间异质性(spatial heterogeneity)是存在于所有尺度上的生态系统的一个普遍现象，它是生态学属性在空间上的不均匀性及复杂程度(邓小文和韩士杰，2007)。森林土壤资源具有高度的空间异质性。细根可能会随着 CO_2浓度、温度、降水以及土壤氮素等在不同尺度上的变化而做出敏感反应(Nadelhoffer，2000)。鉴于这样的生态基础，借助有效的试验手段，探究林分土壤空间异质性与根系分布格局之间的空间关联性，能更好地认识森林生态系统中潜在的生态学格局和过程，为科学地进行森林生态系统经营和管理提供理论基础。

1　细根生态学研究进展

树木根系按它的分布秩序来分可分为主根、一级侧根、二级侧根等，侧根还可根据直径大小分为粗根及细根(单建平和陶大力，1992)。细根虽然仅占林分根系总生物量的3%~30%，但具有较大的吸收表面积、生理活性强，是树木吸收水分和养分的主要功能器官(Vogt *et al.*，1998；Vogt *et al.*，1996)。根系是一个功能性整体，具有复杂的空间结构，目前关于细根的分级还没有明确的定义，主要有直径法和根序法两种方法(卫星等，2008)。针对不同的研究对象和研究内容，划分细根(Fine root)的标准不统一(Usman *et al.*，1999；王向荣等，2005)。Marshall 等(1985)将细根定义为没有次生增厚的根(Marshall *et al.*，1985)。Fogel 等定义为直径 2~5mm 的根为细根(Fogel，1983)，但多数定义为直径小于 2mm 的根为细根(Persson，1978；Hendrick & Pregitzer，1996)。而 Pregitzer(2002)在对北美九个树种根系构型的研究中认为：以往主观地按尺寸分级的方式(如≤2mm)不利于理解根系结构与功能之间的关系，认为细根最合理的尺寸等级应为所有直径小于 0.5mm，或者在一些实例中用更小一些的尺寸等级(Pregitzer *et al.*，2002)。直径分级方法中通常细根是指直径小于2~5mm 的根(张小全和吴可红，2001)。根序法是按照河流水系分级将小于某一级别的根定义为细根(卫星等，2008)，有些树种的细根主要包括前2个或3个根序(王向荣等，2005；Pregitzer *et al.*，2002)，根序法分级更有利于对细根功能和结构关系的研究。

国外大量的研究证实，森林生态系统中3%~84%的净初级生产用于细根的生产(Hendrick & Pregitzer, 1996; Zogg & Zak; 1996; Chen *et al.*, 2002),这主要与树木的种类、气候、土壤等环境因素有关。这部分细根的去向,直接影响林分或整个生态系统的碳平衡和养分循环。Jackson 等研究表明,仅直径小于2mm 的细根如果每年周转一次,就要消耗全球陆地生态系统 NPP 的33%左右,有些生态系统消耗更多,可以超过50%以上(Jackson *et al.*, 1997; Vogt *et al.*, 1986)。因此根系在发挥植物功能和陆地生态系统能量流动和物质循环中有重要的作用(王政权和郭大立,2008; Gill & Jackson, 2000)。随着对细根在养分循环及能量流动中重要作用的认识,近年来特别是近10年来,树木根系生态学研究尤其是对细根的研究已成为林学、生态学研究的热点问题,并取得了一定进展(Copley, 2000; Morgan, 2002; Harris *et al.*, 1977; Persson , 1978; Fogel, 1979; Pregitzer *et al.*, 2000; 杨玉盛等, 2003)。从1968 年至今,已有十多次国际根系学术研讨会,讨论的内容有根系的分类、根系结构、根系解剖和生理、根的结构和功能、树木根系及菌根、根系研究方法、根系生长与环境、根系与碳平衡、全球变化与根系等(Schlesinger, 1999; Vogt *et al.*, 1995; Agren *et al.*, 1980; Raich & Nadelhoffer, 1989)。国外有关细根的研究主要有:①细根的生产与周转研究,包括细根生物量的季节动态,细根垂直分布,活细根的生物量及细根的净生产力;细根的周转,包括细根的生命周期和年周转率;细根的寿命。②根系的结构和形态方面的研究。③影响细根生长和死亡的因素。④细根的分解研究。⑤树木细根生长、周转和分解对土壤养分、树木营养和生态系统碳平衡的影响(Ruess *et al.*, 1996; Vogt *et al.*, 1996; Steel *et al.*, 1997; Butter & Louschner, 1994; Saugier, 2001)。

国内对于细根的研究主要集中在农业领域,在森林根系的研究方面起步较晚(张福锁和申建波,1999; 马元喜等,1994)。对林木细根的研究主要集中在细根研究方法的探讨;细根生产与周转的研究;细根的结构、形态与功能之间的关系研究;细根生理研究;根系对环境的适应性研究等方面(张小全,2001; 常文静和郭大立,2008; 卫星等,2008; 师伟等,2008; 宋森等,2008; 杨秀云等,2008; 唐罗忠等,2008)。

1.1 细根的生产与周转研究

从20世纪70年代开始,生态学家开始对细根生物量、季节动态、生产力和周转等方面进行研究(Harris, 1977; Persson, 1983)。细根的生产与周转受到多种环境因素的影响,包括大气 CO_2浓度、土壤温度、土壤水分和养分的供应状况，菌根共生及土壤草食性动物的作用等。且细根生长与周转迅速，对树木碳分配和养分循环起着十分重要的作用(Arthur *et al.*，1992；Jackson *et al.*，1996)。

1.1.1 细根生物量季节动态与空间分布研究

细根生物量也称现存量(standing crop)，是指一定面积上某个时间存在的根系量值。根据全世界不同森林生态系统100多个细根生物量研究资料表明，细根(直径 <2～5mm)生物量变化在46～2805g·m^{-2}之间，大部分在100～1000g·m^{-2}之间(张小全，2001)。细根生物量分别占地下部分总生物量和林分总生物量的1.1%～74.7%和0.1%～32.2%，大多数为3%～30%和0.5%～10%(Steel *et al.*，1997；Bauhus & Bartsch，1996；Ruess *et al.*，1996；Vogt *et al.*，1996；King *et al.*，2002)。按不同典型气候森林类型平均，细根生物量在216g·m^{-2}(北方常绿针叶林)和1087g·m^{-2}(热带常绿阔叶林)之间，细根生物量分别占地下总生物量的11.8%和1.7%。尽管变异较大，但从北方森林到寒温带到热带森林，细根生物量呈增加趋势(张小全，2001)。根系生物量与立地条件有很大的关系，Davis等(2004)对不同海拔地区森林的细根动态研究发现，海拔为1001m样地生物量高于海拔为795m的样地生物量(Davis *et al.*，2004)。Tateno等(2004)对寒温带落叶林的研究结果表明，细根生物量沿上向坡而增加(Tateno *et al.*，2004)。此外细根生物量在不同坡向也表现差异。李鹏等(2002)对渭北黄土高原区主要造林树种刺槐的根系研究表明，阳坡立地上的根系生物量均小于阴坡立地(李鹏等，2002)。物种的生理生态特性不同，细根生物量也表现不同。如Ruess等(1996)研究表明阔叶林样地比针叶林样地有较高的活细根生物量，死细根生物量占总细根生物量的比例较大。李凌浩和刑雪荣(1998)对17～76年生甜槠林(*Castanopsis eyrei*)研究表明，细根生物量在58年生时最大。细根的生产与林分类型有很大关系。廖利平和杨跃军(1999)对杉木(*C. lanceolata*)、火力楠(*M. macclurel*)纯林和混交林细根生物量的研究表明，混交林比纯林具有较高的生产力和良好的生态协调性。

许多研究表明，细根生物量具有明显的季节节律。在温带森林生态系统中，部分研究表明细根生物量表现为单峰型，峰值出现在春季或夏季(单建平和陶大力，1993；Burke & Raynal，1994；Rytter & Hansson，1996)；大部分研究为双峰型，峰值分别出现在春季和秋季(Gholz *et al.*，1986)。进一步研究还表明，由于细根直径的区分不同，同一树种同一区域不同径级细根表现不同的特点，有的径级表现为单峰型，有的表现为双峰型(杨秀云等，2008)。

在热带多为单峰型，生物量高峰和低谷分别出现在雨季和旱季，且细根直径越小，季节变化越明显(Kavenagh & Kellmana，1992；Khiewtam & Ramakrishnan ，1993；Sundarapandian & Swamy，1996)。

细根生物量有明显的空间分布特征，以往的研究主要集中在细根的垂直分布研究方面，研究结果表明细根生物量随在土壤中的深度增加呈指数递减(Lawson，1995)。树木根系的垂直分布与树种、年龄、土壤水分、养分、物理性质(通气、机械阻力等)和地下水位等有关(张小全，2001)。Jackson 等(1996)综合分析了大量的研究数据，结果发现北方森林的根系分布最浅，而温带针叶林分布最深，它们在表层 30cm 以内的根系分别占 80%~90% 和 50%。廖兰玉等(1993)对鼎湖山生物群落的研究结果是 67.9% 的根系生物量分布于 0~20cm 土层。细根的垂直分布还与植物的演替阶段有关，早期演替阶段的林分根系分布较深，而后期演替阶段的林分根系分布较浅(Grier *et al.*，1981)；同一树种年龄较大的林分，细根更趋向于表层分布(Jorgensen *et al.*，1980；Berish，1982)，原因可能是幼龄或早期演替阶段腐殖质层薄，土壤贫瘠，而随着林分的发展，大量的凋落物和腐殖质层的积累加厚，表层土壤养分增多，细根更趋向于在表层积聚。在混交林中，为适应对水分和养分的竞争，不但不同种类细根的空间分布不同，而且在生长、养分和水分吸收的时间上也有差异(Butter & Louschner，1994)。树木细根垂直分布与耐旱性有关，受干旱胁迫症状最明显的树种在深土层的细根生物量最小(Fischer *et al.*，1998)。

1.1.2　细根的周转研究

在所有生物群区中，热带生态系统的地下细根生物量和生产力最高，平均寿命最短，周转速度最快，而北方或寒带生态系统细根生物量和生产力最小，平均寿命相对较长，细根的周转较慢(Schlesinger，1999；Saugier *et al.*，2001)。根据 100 多个森林生态系统的研究结果，细根年净生产量为 20~1317$g \cdot m^{-2} \cdot a^{-1}$，占林分总净初级生产量的 3%~84%，大部分在 10%~60% 之间，森林生态系统细根年周转率(细根生产/活细根生物量)因不同气候和森林类型而异，变化较大，年周转率 4.3%~273.2%(张小全，2001)。一般认为在温暖气候条件下，细根的周转要快得多，特别是在潮湿热带森林中，细根的周转率更高，甚至每年细根可能会发生数次周转(Khiewtam & Ramakrishnan，1993)。近几年的研究结果表明，细根的周转率可能更高，如 Schoettle 等(1994)综合世界各地松树细根研究结果表明，细根周转率在 0.2~5.0a^{-1}之间，Rytter 等（1997）计算的杨树人工林细根周转率高达4. 9 ~ 5. 8a^{-1}（Schoettle & Fahey，1994；Rytter & Hansson，1996）。同一树种不同径级细根的年周转率随径级的减小而增大，林下植被细根的周转率均大于各自的乔木层细根，这与随径级减少细根的木质化程度低、分解快有关（杨玉盛等，2001）。

研究表明细根周转与CO_2浓度有正相关关系，CO_2浓度升高时，细根周转会加快（Pregitzer *et al.*，2000；Delucia *et al.*，1999；Tingey *et al.*，2000）。Delucia 等（1999）对北卡 15 年生火炬松（*P. taeda*）研究表明，CO_2浓度升高，细根周转增加 26%，而相对周转率较正常周转率下降；Tingey 等（2000）研究表明针叶树在CO_2浓度升高时，绝对根周转提高，但相对根周转率先增加后下降。在土壤养分和水分得以保证的前提下，随着土壤温度的上升，细根生产和死亡速度加快，寿命降低，致使周转加快（Pregitzer *et al.*，2000；Steel et al.，1997）；温度较低的环境中生长的植物，一般来说寿命较长（Essenstat & Yanai，1997）。此外，由于全球温度的上升，土壤养分的矿化速率增加，加之不断增加的大气 N 沉降，致使细根动态也发生变化。当 N 素供应增加时，森林生态系统的细根现存量下降，总产量和周转加快（Nadelhoffer *et al.*，1985；Majdi，2001）。此外，菌根共生和土壤草食性动物对细根动态具有重要影响（Essenstat & Yanai，1997）。

细根的生产和周转还具有明显的季节性。如在温带针叶林中，细根的生长峰值出现在春季或夏季，细根死亡在冬季最低，夏季或秋季最高，取决于树种和当地的气候条件（Steel *et al.*，1997；单建平和陶大力，1993）。细根周转的季节变化可能与土壤温度有关，随土壤温度的上升，周转加快（Marshall & Waring，1985；Burke & Raynal，1994）。

根系周转在今后很长一段时间里仍然是根系生态学研究的重点。陈光水等（2008）在研究细根生物量的基础上重点研究了不同林龄的杉木（*Cunninghamia lanceolata*）地下根系碳分配和利用格局，结果表明中龄林和近成熟林的地下碳分配显著高于幼龄林和成熟林，而老龄林更低。今后还需要在大尺度上采用多种方法同时对不同生态系统细根周转格局与重要因子如气候、土壤、物种类型、树龄和共生真菌类型等关系的探讨，以更好地解释陆地生态系统细根周转的规律。

1.1.3 细根的分解研究

林木细根数量庞大，养分浓度高，周转迅速，通过细根分解归还到土壤的 C 是地上凋落物的 4 ~ 5 倍，细根分解是陆地生态系统 C 和养分输入的重要途径(Pregitzer *et al.*，2002；Silver& Miya，2001)，尤其是深层土壤有机质的重要来源(Steinaker & Wilson，2005)。细根分解在释放养分、形成结构复杂腐殖质的同时，释放大量的CO_2，细根分解所产生的CO_2占土壤释放到大气总量CO_2的一半以上(Schuur，2001)。与细根分解有关CO_2的动态是全球C循环的重要组成部分(Silver & Miya，2001)。Chapin等(2002)提出细根分解主要包括淋溶、破碎等物理过程和生物作用为主的化学过程。这三个过程并不是截然分开的，在淋溶、破碎的过程中，也有利于微生物和土壤动物的分解活动，而后期被微生物分解的半分解产物也会被淋溶掉(彭少麟和刘强，2002)。

细根分解受内在因素和外界环境的综合制约，内在因素指细根自身的物理和化学性质(Silver & Miya，2001)，外界环境可划分为生物和非生物因素两类(Chen *et al.*，2002)。研究表明，不同树种的根系分解速率存在很大的差异，主要是根系的化学成分不同造成的，如细根分解速率与N浓度、P浓度呈正相关，与Ca^{2+}浓度呈正相关，还与C/N、木质素浓度，木质素/N呈显著负相关(Hartmann，1999)。利用埋袋法研究表明，随着直径的增粗，根系的分解速率减缓(温达志等，1999；Ludovici & Kress，2006)。宋森等(2008)采用微根管技术研究了水曲柳(*Fraxinus mandshurica*)和落叶松(*Larix gmelinii*)细根的自然分解过程，研究结果表明，生长在末端的根有较高的分解速率。其次，非生物因素(温度、湿度和养分)对细根的分解也有很大的关系，Silver和Miya(2001)总结全球细根分解数据发现，年平均温度与细根分解速率呈线性正相关。且根系分解随土层深度的增加而减慢(宋森等，2008；Gill & Burke，2002)。

1.1.4　细根的寿命与死亡

细根寿命指根系从出生到死亡的这段时间，是细根重要的生理生态特性。树木细根寿命具有较大的变异性，树木细根生命周期短至数天或数周，长至数月或1年至几年，且不同树种的寿命有较大的差异，生长在不同立地条件下的同一树种的细根寿命有较大的差异，甚至不同季节长出的细根寿命也不相同(张小全，2001；Eissenstat *et al.*，2000)。根系周转研究目前所面临的关键问题是哪些根寿命短？哪些根寿命长？哪些因子控制细根寿命和周转？找到细根周转(或死亡)的单元。不同树种快速周转的根的寿命是否大致相同？

细根的寿命与光合产物的分配、细根的直径大小和分枝方式，土壤N和水分的有效性、土壤温度、根际微生物及研究方法等因素都有关系(梅莉等，2004)。一些研究证明，细根吸收养分和水分越多，分配到细根的C也就越多，其寿命也就越长。一旦细根周围养分耗尽，吸收能力减弱，C向细根分配立刻减少，细根则衰老进而死亡（Hendricks *et al.*，1997；Majdi，2001）。此外，直径对细根寿命有很大的影响，直径越细的根，N的浓度较高，非木质化程度高，寿命较短(Hendricks *et al.*，2000)。根序与功能也直接相关，根系形态异质性会造成寿命上的差异（Guo *et al.*，2008）。Withington等(2006)研究表明，树种 *Acer pseudoplatanus* 与 *Quercus robur* 细根直径相等（均为0.46 mm)，但后者的中值寿命(900天)是前者(347天)的1.6倍。尽管不同树种根尖(即1级根)的直径可能差异很大，但是所有植物的根尖在功能上基本一致（Guo *et al.*，2008)，即根在根系中的着生位置决定了它的功能，包括它的寿命长短。

1.2 根系形态研究

已往细根研究（包括周转）都是以直径大小来划分（如直径<1mm或<2mm)，然而根系发育过程形成明显的分枝结构（branching root order)，具有高度的形态异质性（Pregitzer *et al.*，2002）。细根直径、比根长（specific root length)、分枝角（branching angle)、节间距（internode or intemode length)、分枝方式（branching patterns）和分枝级（branching order）等是重要的细根形态指标（Pregitzer *et al.*，2002；陈光水等，2008）。过去几十年里大部分研究都是把细根当成一个均质系统，认为所有同一径级的细根在结构和功能上基本相同。最近研究发现细根系统内部存在结构和功能的异质性（Pregitzer *et al.*，2002）。植物向根系投入碳水化合物的方式不同，同样数量的碳水化合物可以产生不同的根系空间构型，因而养分、水分的吸收能力不同（Bauhus&Messier，1999）。在众多的细根形态因素中，比根长（SRL)，即单位生物量细根的总长度，是重要的细根形态指标，可以作为细根的吸收效率的简单参数（Fitter *et al.*，1991）。比根长越大相对细根周转更快，导致较高的碳消耗（Pregitzer *et al.*，2002；Christie & Armesto，2003）。节间距和分枝角决定细根在土壤中的空间分布、细根对土体开发程度、细根间重叠程度，因而影响养分获得效率（Fitter *et al.*，1991）。根长密度是单位土体中的细根长度，根长密度高，单位土体中的细根数量多，养分特别是移动性差的养分吸收效率提高（Bauhus & Messier，1999）。

为了认识根系内部的异质性，我们有必要对根系的结构和形态进行系统的研究。这涉及根的基本特征，不同生态系统的根系特征是否有规律性，同一系统不同物种间的特征有何异同，这些特征将如何影响生态系统过程（王政权和郭大立，2008)。至今我们对直径和根序的关系认识还不十分清楚，树种中直径和根序的关系差别可能很大。研究表明，生长在根系末端的1级根直径最细，氮含量最高，寿命最短；而远离根尖的高级根直径较粗，氮含量最低，寿命最长(Pregitzer *et al.*，2002；Guo，Li *et al.*，2008；Guo，Mitchell *et al.*，2008)。王向荣等(2005)研究兴安落叶松(*Larix gmelinii*)表明小于0.5mm直径的根包含前2级，而另一些研究表明有些树种如长叶松(*Pinus palustris*)则包含前3级(Guo *et al.*，2004)。常文静和郭大立(2008)研究了我国温带、亚热带和热带45个常见树种1~5级细根直径变异，结果表明温带树种各个根序平均直径变异较小，亚热带和热带树种变异较大，其中温带树种1级根直径最细，其次是亚热带树种，而热带树种最粗。师伟等(2008)研究东北帽儿山天然次生林20个阔叶树种1~5级细根形态，发现这些树种虽然在直径方面存在较大差异，但是细根形态与根序的变化规律具有相似性，前3级根累积根长占前5级根总长度的80%以上，这意味着木本植物根系前3级的功能可能是相同的。由于不同系统之间，或同一系统不同树种之间以及同一根序之间的直径差异很大，用同一直径级标准来划分功能相似的根显然会造成较大误差(王政权和郭大立，2008)。此外，根系分枝模式还受环境影响，杨小林等(2008)采用拓扑学方法研究新疆塔克拉玛干沙漠腹地3种植物的根系构型及其生境适应策略，提出沙漠植物根系分枝模式是长期适应沙漠环境的结果。

1.3　细根生理学研究

大量的研究证实不同根序具有不同的功能，但究竟哪些根是光合产物的主要消耗者？哪些根序是养分和水分的吸收者？哪些是土壤养分归还的主要释放者？为了准确估计细根对树木生产及森林生态系统的贡献，根系问题需要进一步探讨。因此根系生理学是根系生态学的一个重要方面。个体根组织发育水平的不同导致了各级别根功能上的差异(卫星等，2008；Wells & Eissenstat，2003)。根系的解剖结构与生理功能有很大联系，树木细根内部的通道细胞、皮层细胞和木栓层等结构与细根的吸收功能有密切的联系。不具有栓化加厚次生壁的通道细胞是养分和水分进入根系的主要部位，通道细胞的多少直接影响根系的吸收能力(Steudle & Peterson，1998)。次生根的木栓层阻碍皮层与维管束之间的物质交换，降低根系吸收水分和养分的能力，甚至完全丧失吸收能力(Peterson *et al.*，1999)。卫星等(2008)研究结果表明黄菠萝(*Phellodendron amurense*)细根直径、维管束直径及维管束在根中所占比例随根序的增加而增加。

根系生理还研究在环境胁迫或特殊生境条件下细根的适应机制。Eissenstat 和 Achor(1999)研究表明，根系在抵御环境胁迫和吸收能力变化之间存在着一种平衡，连续的木栓层虽然降低了根系的吸收能力，但增加了根系抵御干旱、病菌浸染或水淹等胁迫的能力，延长了细根的寿命。唐罗忠等(2008)研究了湿地生长的池杉(*Taxodium ascendens*)林细根呼吸，发现池杉在水淹条件下能形成呼吸根和膝根获得 O_2，除了供自身呼吸外，大部分提供给其他根系。

1.4 细根的研究方法

树木根系研究发展至今，出现了许多的研究测定方法，直接测定方法包括挖掘法、整段标本法、根钻法、根室法、微根管法、土柱法、剖面法、玻璃壁法、生长袋法等；间接方法有氮平衡法、生态系统碳平衡法、碳通量法、淀粉含量法、同位素示踪法和非生物变量相关法等(Samson & Sinclai，1994)。每种方法均有其优缺点，目前还没有一个普遍公认的有关细根生物量、生产和周转的测定和计算的好方法。

1.4.1 直接方法

根钻法(auger method/soil core)是研究根系生物量、生产和周转最常用的方法。该方法是用土钻在不同季节取不同深度的土壤原状样品，通过清洗去除根表面土粒，再进行根系分级，测定和计算细根生物量、比根长、根表面积等根量指标，在一些不同的方法比较中，将根钻法作为其他方法的参考标准(Hendrick & Pregitzer，1993)。根钻法由于要进行连续多次的采样和测定，重复量大，工作量也大，不适于石质土壤地取样。一些研究认为根钻法会低估细根生产(Kurz & Kinmmins，1987；Lehmann & Zech，1998)，因为没有考虑细根分泌、呼吸、脱落等损失，同时两次采样间隔期间，部分细根可能会完成生长、死亡和分解的全过程；以及细根生物量无明显季节变化都会造成细根生产的低估(Lehmann & Zech，1998；King *et al.*，2002,)。尽管根钻法存在一些不足，但该方法确实是目前估计细根现存量最为合理的方法(Hendrick & Pregitzer，1996)。

微根管法(minirhizotron)是一种非破坏性的野外观察根的方法，是对根生产进行直接观察的最好的工具之一。该方法是在根室法基础上，配以自动微型摄像机，然后利用计算机图像分析处理软件，对细根长度、直径、细根的死亡、生命周期和分解进行快速准确的计算(Majdi *et al.*，1992 ；Majdi & Nylund，1996,)。用微根管法可进行不同层次细根生长动态和物候观察，可获取细根长度、密度、细根动态、侧根伸展、根系生长深度、结构根与功能根的区分等定量信息，以及根的颜色、分枝特性、细根衰亡、分解、寄生和共生微生物等定性信息(Majdi & Nylund，1996；Aber *et al.*，1985)，也可用于不同处理的影响研究，如：施肥、灌溉、水分胁迫、地上部分修剪、除草剂或杀虫剂的应用、土壤压实等(Majdi *et al.*，1992)。该方法的主要缺点是不能直接测定单位面积的细根生物量、细根化学组成及细根周转对土壤碳和养分循环的影响；微根管与土壤界面的微环境可能因为自动微型摄像机的安装而改变进而影响到根系的生长；微根管很难区别不同植物种类的不同细根(Ball-Coelho *et al.*，1992)。许多比较研究表明根钻法与微根管法估计的平均细根生物量具有很好的相关关系(Majdi & Nylund，1996；Vogt *et al.*，1998)，这为微根管结合根钻法提供了试验依据。研究表明，微根管法和根钻法结合测定结果可客观地反映细根的生产和周转(Majdi *et al.*，1992)。

内生长袋法(ingrowth bag/core)是用根钻打孔，将尼龙或塑料网袋放入孔中，再将沙土或除去所有根系的原土按层次和容重回复到网袋及其缝隙中，一定时间后将网袋取出，测定其细根量。也可不用网袋而直接用土填充，取土时仍用根钻钻取。生长袋法可用于估计生态系统或林分细根生产量，特别是对根系生长快的森林生态系统的细根生产十分有效(Sundarapandian & Swamy，1996)。比较研究结果表明，由于生长袋法忽略了观测期细根的周转以及对细根的切割伤害，造成细根生产的低估(Lawson，1995；Marshall & Waring，1985)。生长袋法适用于不同处理或立地、环境条件细根生长的相对比较。若细根生长无明显的季节变化，用根钻法难以计算其年生长量，生长袋法则是可选方法之一。在应用生长袋法时，要避免在细根生长季节安放生长袋。从安放到取样的时间应足够长，至少应为一年以估计年净生产量，最好应两年以上(Bohm，1979)。用内生长袋法可以获得数据有：不同环境下的细根相对生长量，不同养分和微量元素等对细根生长的影响。

根室法(rhizotron)是建于地下的根系观察室。通过根室内的玻璃壁，采用定期照相或在玻璃壁上用不同颜色笔绘图，或者计算细根与玻璃壁上网格线的相交次数，可对细根的出现、伸长、衰亡、消失进行连续的观察和监测。最早的根室建于二十世纪初的德国，发展到六七十年代德国、英国、美国和苏联等国家均建有大型的现代化根室，并被应用于研究细根物候、生命周期、季节和日生长变化、不同措施对细根生长的影响等(Nadelhoffer *et al.*，1985)。随着微根管技术的发展，根室法的应用越来越少。

1.4.2 间接方法

氮平衡法(N budget)假定细根生产受土壤矿化氮控制，并假设根系不存在N的转运，可矿化的N全部被植物吸收，N限制植物生长。通过对生态系统N输入、植物N储量变化和土壤N的矿化速率的测定，对细根生产进行估计(Aber *et al.*，1985；Vogt *et al.*，1995)。但上述假设条件在多数情况下并不成立(Agren *et al.*，1980)，因为根的生长与养分之间有明显的相关性，N对根生产的影响在生态系统中是不一致的。因此N平衡法只适用于上述假设成立、植物生长受土壤N的限制以及细根生产对N的响应已十分清楚的生态系统。

土壤碳通量法(C flux)通过测定土壤CO_2通量和地上枯落物输入来估计分配到根的总碳量(包括地下凋落物和根的呼吸)(Goovaerts，1997)。其优点是可利用地上部分的测定来估计地下碳分配。但如氮平衡法一样，该方法也要求稳态条件。土壤呼吸的测定也存在很大的不确定性。土壤呼吸通常是测定24小时的CO_2释放量，然后利用温度因子计算月和年的CO_2释放量。而土壤中各组分(如根、分解微生物)对在土壤CO_2释放总量中所占的份额因生态系统和纬度等因子而异(Sundarapandian & Swamy，1996)。枯落物输入量与其分解释放的CO_2的量并不总是呈线形关系。枯落物化学成分不同，分解速率不同，其对CO_2释放量的影响可能比枯落物更大，因此用该方法仅仅能大概估计实际细根生产的上限(Sundarapandian & Swamy，1996)。

生态系统碳平衡法(C budget)要求除细根以外的其他部分生物量以及碳分配比率已知，通过尺度转换技术或直接测定方法可获得林分或生态系统水平的净同化量和呼吸速率，从理论上讲，该方法无疑是估计细根生产的理想方法(Raich & Nadelhoffer，1989)。但叶片到冠层光合作用和呼吸作用的尺度转换仍是当今林木生理生态学的一大难题，直接测定法费用昂贵且存在较大的不确定性。多数比较研究表明碳平衡法估计的细根生产量明显要比根钻法高(陈光水等，2008)。

综上所述，应用间接法来估计细根生产和周转要求特定的假设条件或大量与林分生产和碳、氮分配有关的基础数据，难以直接应用，野外直接测定仍是目前研究细根生物量、生产和周转的主要方法。其中根钻法、微根管法和生长袋法尽管都存在一些不足，但却是目前细根研究中最适用、应用最广泛的方法，根钻法和微根管法结合是目前细根研究的理想方法。

2 细根与土壤环境的关系

一般植物对土壤资源的异质性反应特征是在富养斑块和较湿润斑块中，根系明显增生(Caldwell, 1994)。植物根系的增生还与土壤养分斑块的类型有很大的关系。通常根系的增生与硝态氮、铵态氮和磷的关系更加密切，而与钾的关系不密切(Newman *et al.*, 2006)。细根动态与土壤N的有效性关系已经成为生态学关注的问题。在森林生态系统中，土壤有效N可通过影响细根生产量和N含量而改变生态系统的C、N地上和地下分配格局(Tateno *et al.*, 2004；郭大立和范萍萍，2007)。

2.1 土壤有效氮对细根生产和周转的影响

在过去的几十年里，虽然有大量的土壤有效N与细根动态关系的研究，但受理论和研究方法的限制，至今仍无法明确二者的关系和反应机理。郭大立(2007)在分析Nadelhoffer提出的N有效性与细根动态关系的4个假说基础上，进一步分析验证假说的准确性。4个代表性的假说为：①土壤N有效性提高时，细根生产量和周转率都提高；②土壤N有效性提高时，细根生产量和周转率都下降；③土壤N有效性提高时，细根生产量下降，周转率提高；④土壤N有效性提高时，细根生产量提高，周转率下降。假说①和假说②支持最充分，假说③和假说④即使成立，也只代表根系对N有效性提高而产生的瞬时变化(Nadelhoffer, 2000；Burton *et al.*, 2002)。Burton等(2002)认为假说①和②可能同时存在，指出不同植物种类对N有效性提高的反应方式可能不同。此外，同一树种不同的年龄阶段细根的生产量和周转率是不同的。年幼的树木细根生产量和周转率一般随土壤有效N的提高而增加；而老龄林细根生产量和周转率随土壤有效氮的增加而降低(Ostertag, 2001)。

土壤有效氮对细根的影响主要表现在对细根生长、细根寿命、细根发育和细根呼吸等4个方面。

2.1.1 土壤有效氮对细根生长和寿命的影响

大量研究结果产生不同的结论。Majdi(2001)和王政权等(1999)试验结果表明，施氮肥细根生物量增加；而Majdi和Nylund(1996)研究结果为施氮肥导致细根生物量的减少；Ostertag(2001)采用根钻法对夏威夷山地桃金娘(*Metrosideros polymorpha*)为主的林分研究表明，当土壤有效氮从100μg · g^{-1}

增加到530μg · g^{-1}时，<2mm 细根生产量从 173g · m^{-2}下降到 75g · m^{-2}；Magill 等(2000)对 70 年生美国红松(*Pinus resinosa*)和以黑橡(*Quercus velutina*)和白橡(*Quercus rubra*)为主的阔叶林进行 9 年的施氮肥试验处理后发现，细根生物量没有发生显著的变化(Ostertag, 1998)。根系生物量随氮有效性增加的可能解释为，在受 N 限制的生态系统中，为了维持地上部分生长的需求，根系需要吸收大量的 N，土壤有效 N 提高后，地上部分可获得更多的 N，从而提高叶片表面积，增加光合产物，有更多的 C 投入到根系中，提高了根系的生产量(Magill *et al.*，2000；Farrar & Jones；2000；Hendrick *et al.*，2000)。针对根系生物量随氮有效性提高而降低的现象，Burton 等(2002)认为可以从投入—收益(Cost - benefie)原则和根系 C 汇强度(C sink - strength)理论来解释。投入—收益原则认为，土壤有效氮提高后，延长细根寿命收益(吸收 N 等养分)大于维持细根成本(消耗 C)，细根占据土壤营养空间的时间延长，但产量不增加，甚至减少。根系 C 汇强度理论认为，如果土壤 N 有效性提高，细根吸收效率提高，细根因此而称为一个较强的 C 汇(C sink)，地上部分投入的更多的 C 只是用于细根的维持性呼吸及 N 的吸收，并不用于新根的生长，因此细根生物量不会增加(Magill *et al.*，2000；Farrar & Jones；2000；Hendrick *et al.*，2000；Pregitzer *et al.*，1998)。

2.1.2 土壤有效氮对细根发育和呼吸的影响

在土壤养分变化的情况下，植物可以通过调整根系形态和生理变化来获得有限的土壤资源。Majdi(2001)对挪威云杉(*Picea abies*)的施肥发现，在养分相对贫瘠的土壤中，有效氮的增加减少了细根的分枝密度。Mou 等(1997)对美国枫香(*Liquidambar styaciflua*)和火炬松(*P. taeda*)的研究表明，养分增加的斑块树种根的分枝长度增加，根系变细，分枝角度不变。细根的呼吸速率和细根中的氮含量直接相关(史建伟等，2007)。Desrochers 等(2002)研究表明，根的呼吸速率与组织中的氮浓度呈良好的正相关关系。Burton 等(2002)发现，裸子植物比被子植物有较低的根呼吸速率，原因是裸子植物细根中的氮的浓度较低。Vose 和 Ryan(2002)研究发现，细根生长呼吸与根组织中的氮浓度无关，而粗根的生长呼吸与根组织的氮浓度有良好的相关关系；细根和粗根的维持呼吸与根组织中的氮含量有很好的相关关系。

2.2 细根的可塑性和土壤养分的空间异质性

土壤养分的空间异质性分布使得植物根系在生长过程中，遭遇到各种不同的养分斑块。植物进化过程中，产生某种特定机制，满足其在异质环境中对富养斑块中养分的吸收(Einsmann *et al.*, 1999)。植物通过细根的形态可塑性(morphological plasticity)、生理可塑性(physiological plasticity)以及菌根真菌的可塑性(mycorrhizal plasticity)等对土壤养分的空间异质性做出反应，实现对养分的高效吸收利用。不同植物种的根系对养分空间异质性可塑性反应的能力的差异对其竞争能力产生影响，最终可能影响其在群落中的地位(Bliss *et al.*, 2002；Wijesinghe *et al.*, 2001)。

2.2.1　形态可塑性

形态可塑性是养分空间异质条件下根系重要的觅食反应，植物通过形态可塑性反应调整根系在土壤养分斑块上的分配。觅食精确性和根系广布性是根系形态可塑性的两个重要特征，不同植物种这两个特征差异很大(Einsmann *et al.*, 1999；Bliss *et al.*, 2002；Campbell*et al.*, 1991)。广布性是根系总体的空间分布范围，指单位时间生产的根系生物量及其根系范围(Einsmann *et al.*, 1999)。觅食精确性指根系在富养斑块中增生的能力(Farley & Fitter, 1999；Robinson *et al.*, 1999)。现有研究结果证实多数植物通过根系形态可塑性实现对空间异质性养分的利用。

研究最多的根系形态可塑性是根系在养分丰富的斑块中的增生。Jackson和Caldwell(1996)、Robinson(1996)发现，一些植物在NO_3^-和PO_4^{3-}富积的斑块上具有相似的增生幅度，但由于NO_3^-较强的移动性，根增生并没有带来N养分获得。Van等(1996)用^{15}N标记的半分解黑麦草叶片作为肥源，观察小麦根系对N肥斑块的反应。斑块中小麦根系产生明显增生，但大部分增生产生于斑块养分已经被原有根系消耗殆尽以后，即根系在富养斑块上的增生并没有对养分吸收做出贡献。Fransen等(1998)和Hodge(1998)分别采用不同的方法研究5个不同的植物种对土壤养分异质性的反应，研究证实不同植物种根系在富养斑块上存在不同程度的增生，但增生程度的差异并没有产生明显的N吸收的差异。

根系增生没有带来N养分吸收的原因，目前有三种不同的解释，一是不同的植物间存在竞争差异；二是土壤微生物与植物间存在竞争；三是土壤的电化学作用。其中植物间对N素的竞争可能是主要原因之一。植物单独栽植试验结果表明，一条单独的根系可以在数日内完成斑块内养分的吸收，根系的过量增生可能没有养分吸收回报。尽管如此由于植物总是生长在群落当中，竞争在所难免，在长期的竞争过程中形成了在富养斑块中增生的习性，该习性在单栽时仍然得以体现(Einsmann *et al.*, 1999; Wijesinghe *et al.*, 2001; Farley & Fitter, 1999)。Robinson 等(1999)认为,在竞争条件下,植物在斑块中的 N 素获得数量与该植物在斑块中所占的根长比例有关,占比例大的植物获得更多的 N 素。Hodge 等(1999)比较根系增生能力迥然不同的两种草本植物对斑块中 N 素的吸收。混栽时增生能力强的 *Lolium perenne* 比增生能力弱的 *P. pratensis* 的 N 素获得量高,与它们在斑块中根系长度所占的比例相一致。Bliss 等(2002)对异质养分供应条件下同种单栽和多株混栽以及异种混栽时根系觅食精确性和敏感度的差异进行的研究表明,同种多株混栽时比单栽时根系觅食精确性下降,认为可能是不同植株间根系的拮抗作用所致。Fitter 等(2000)认为土壤微生物是植物根系 N 获得的强有力竞争者,它们在富养斑块中的增生反应比根系迅速,随后,微生物通过周转过程释放 N 素供植物吸收。根系的初期增生可能对 N 素吸收无益,但可能从后期斑块中 N 素养分有效性的增加中获益。Fitter 等(2000)认为也可以从土壤化学角度解释根系增生反应与 N 获得的关系。土壤斑块中硝态氮的增加往往在电化学因素作用下,伴随其他阳离子 Ca^{2+}、Mg^{2+}、Na^{+}、K^{+} 及 H^{+} 的增加(Fitter *et al.*, 2000; Yanai *et al.*, 1996)。最初的 N 素(尤其是 NO_3^-)的增加可能作为一种信号,指示富养斑块的存在,由此诱发根系的增生,但这方面尚缺乏研究报道。

2.2.2 植物根系生理可塑性

一些植物种通过资源获取器官的生理调整,而非形态调整获取斑块养分资源(Fransen *et al.*, 1998; Fransen & Kroon, 2001; Jackson & Caldwell, 1996)。研究表明,当植物根系处于养分浓度不同的斑块时,根系能够大幅度地、迅速地调整其在富养斑块中的吸收动力(nutrient uptake kinetics)。这种吸收动力的调整被称为根系的生理可塑性,是植物根系利用空间异质性养分的另一种方式(Jackson *et al.* 1999; Hutchings, 1994)。

根系生理可塑性由植物的遗传特性、环境特征及植物对特定养分的需求状况决定(Jackson & Caldwell, 1996)。尽管有关根系对异质养分吸收的生理可塑性反应的研究报道尚少,但现有研究证实根系这种反应非常迅速,在几天内即可做出该种反应,通常比根系增生更为迅速(Burns, 1991; Drew & Saker, 1978)。Drew & Saker(1978)采用营养液和沙培实验,提高局部根系营养液浓度,根系的吸收能力明显提高,24 小时内产生明显反应。Jackson 和 Caldwell 等(1991; 1996)利用营养液进行的试验表明,细根在高浓度营养液中的吸收动力比在低浓度营养液中高出 80% 以上,且在 3 天内即达到最大吸收。根系的生理可塑性对于土壤养分空间、时间异质性变化频繁，形态可塑性难以高效利用，或养分梯度较小或持续时间较短，难以抵偿根系形态可塑性对养分的吸收产生的C消耗的土壤养分状况具有重要意义(Jackson & Caldwell, 1996; Grime, 1994)。

一些研究认为，异质土壤养分条件下根系的生理可塑性对植物养分吸收的贡献比形态可塑性要大(Fransen *et al.*, 1998; Jackson & Caldwell, 1996; Robinson, 1994)'。然而，根系的生理可塑性在存在竞争植物，或养分在土壤中扩散能力较差时作用降低，这种条件下，根系在富养斑块中的增生对养分的获得可能更为重要(Robinson, 1994)。此外，Demer 和 Briske(1999)通过对不同生活型草本植物的研究，认为根系的形态可塑性和生理可塑性间是相互补充的，两种可塑性的表达可能与土壤养分异质性状况有密切关系。根系的生理反应可能是植物生物量对土壤异质性做出反应的另外一个主要原因。Fransen 等(2001)用两种草本植物(*Festuca rubra* 和 *Anthoxanthum odoratum*)在同质和异质养分条件下进行混栽实验。在同质条件下，*F. rubra* 的相对竞争能力高于 *A. Odoratum*；在异质条件下，*F. Rubra* 的相对竞争能力下降，两者相对竞争能力趋于一致。养分吸收试验证实，尽管两种植物根系在富养斑块上的增生程度无差别，但 *F. Rubra* 的养分吸收明显低于 *A. Odoratum*，确定生理可塑性反应的差别是造成异质条件下不同植物种相对竞争能力变化的主要原因。Bliss 等(2002)在试验中发现，两种植物混栽时，觅食精确性较差的种 *Pinus taeda* 生物量也增加，推测生理可塑性可能使得异质条件下 *P. taeda* 竞争能力增强。

2.2.3 菌根真菌的可塑性

多数植物的根系具有菌根共生。菌根共生对富养斑块中的根系增生及养分吸收方面的研究尚少。在空间异质养分分布条件下的菌根可塑性研究尚十分缺乏，难以对共生菌根的可塑性反应对富养斑块中植物根系形态可塑性及对细根养分吸收的影响做出准确评价。

已有的报道表明，菌根共生在养分丰富的植物中减少，即在富养斑块中菌根局部共生减少(Thomson *et al.*, 1986)。Duke 等(1994)对这一假说进行了验证，在田间种植 *Agropyron desertorum* 和 *Artemisia tridentata*，通过加入富养溶液(KH_2PO_4和 NH_4NO_3)在田间创造富养斑块，结果发现，*A. desertorum* 在富养区域中的丛枝菌丝数量减少。也有研究认为，许多真菌通过减少在贫养斑块中的生长实现在富养斑块中的增生（Hodge *et al.*, 2000; Ritz *et al.*, 1996)。

Cui 和 Caldwell(1996)报道了与 *Agropyron desertorum* 共生的丛枝状菌根在富养斑块中的增生，研究发现，非菌根菌共生的根系增生幅度比菌根共生根系高22%，由此认为共生的菌根可能替代根系实现在富养斑块中的增生。Farley 和 Fitter(1999)研究 7 种多年生森林草本植物对富养斑块的反应，结果表明菌根共生仅使其中 1 种根系最小的植物(*Oxalis acetosella*)的 P 养分吸收加倍，其他 6 种的差异不显著；同时发现菌根共生没有对根系在富养斑块增生产生作用。Wijesinghe 等(2001)研究结果表明，6 种草本植物的根系在异质养分条件下，根系的空间分布未受菌根真菌的影响，但个别种的生物量分配发生变化，根系生物量相对减少。

3 研究的科学价值及拟解决的问题

森林是重要的自然资源，森林环境中根系的生理生态过程直接影响着树木与环境之间的能量转换和物质分配，对森林生态系统生产力有决定性的作用。树木细根在森林生态系统能量和物质循环中发挥着十分重要的作用，土壤的物质和能量被林木获取和利用均是通过细根得以实现的。随着全球碳循环研究的开展，作为森林生态系统中土壤碳的主要来源，细根的研究受到了广泛的关注。土壤环境在空间和时间尺度上具有高度的异质性，这种异质性对细根分布产生重要影响，这些影响又会引起细根对土壤的反馈作用，特别是限制性生境因子的时空变异对细根影响更明显，细根对限制性生境因子的反应也更敏感。由此细根的分布与土壤环境之间存在着复杂的关系，植物根系生物量与土壤资源间相互影响，相互作用，同时根系生物量与土壤资源的空间异质性既作为一种原因也作为一种结果在植物根系中广泛存在着，并影响着根系的结构、功能和动态。林分被干扰后，在植被的演替和恢复过程中，植物群落组成、林分结构、土壤理化性质和养分含量都会发生相应的变化，细根生物量组成和空间分布也会随之改变，从而使土壤中碳贮量的分布发生相应变化。基于以上考虑，本研究选取两块典型林分样地进行对比研究(受砍伐干扰林分样地 A 和未受砍伐干扰林分样地 B)，探讨砍伐干扰对林木细根生物量分布的影响。在华北山区，土壤水分是制约林木生长的重要因素，森林土壤氮营养往往缺乏，因此本文主要分析了这两个因子的空间异质性与细根生物量之间的关联性。

选题依据：

(1)华北落叶松(*Larix principis – rupprechtii*)是华北山地针叶林的主要建群

种之一，是华北重要用材林、水源涵养林、景观风景林等，具有较高的利用和保护价值。山西省是华北落叶松生长最适区，构成了我国华北落叶松的主体，生产力高，在生产和经营上均具有重要的战略意义。研究华北落叶松林细根，深入了解森林动态中的地下生态学特征，可为认识华北落叶松地下生产力结构提供基础依据。

（2）土壤具有高度异质性，林木根系既是土壤异质性的形成因素，又对异质性土壤环境有不同的响应特征，深入研究一定尺度上林木根系对土壤异质性环境的响应特征，是认识林木根系分布动态特征的基础。

（3）国内外在土壤养分的空间分布和植被地上/地下生物量的空间异质性及其相互关系的研究中，试验方法或是利用田间控制试验的方法，通过人为改变土壤养分的空间异质性来研究对生物量的影响；或是利用田间调查数据，通过空间统计的方法进行分析。本研究依据地统计学（geostatistics）中空间取样方法设置野外取样点，借助经典统计分析方法与区域化变量理论的格局分析方法相结合来研究华北落叶松林细根生物量的异质性特征及与土壤养分、水分空间异质性之间的关联性。

试验拟解决的主要问题：

（1）初步了解华北落叶松人工林细根生物量的季节动态变化和空间分布的基本特征。

（2）对受砍伐干扰林分和未受砍伐干扰林分的华北落叶松林细根生物量的空间变异性进行定量分析。

（3）对受砍伐干扰和未受砍伐干扰华北落叶松林下土壤水分和氮营养空间变异性进行定量分析。

（4）对林下草本根系生物量进行地统计学分析和比较，为更合理地解释华北落叶松根系和土壤的空间异质性做有益的补充。

（5）基于上述研究结果，分析华北落叶松细根生物量与土壤水分、氮营养在空间上的相互关系，分析细根生物量空间格局形成原因。

第2章 华北落叶松人工林细根生物量季节动态和空间分布

陆地生态系统的功能在很大程度上依赖于碳的分配格局与过程，树木根系是森林地下碳循环的重要组成部分(Schlesinger，1999；Copley，2000)。森林地下根系的生物量大部分累积在粗根中，但是每年用于生长的大部分则被分配到细根中，细根(fine root)具有很高的周转率，是土壤中碳的主要来源。Jackson 等(1997)粗略估计，仅直径小于 2mm 的细根如果每年周转一次，就要消耗全球陆地生态系统 NPP 的 33%左右，其中一些生态系统消耗 NPP 超过 50%(王政权和郭大立，2008；Jackson *et al.*，1997)。细根在森林生态系统初级生产力分配中占有较大比例，在资源利用及物质和养分循环中起着重要作用，林木细根空间结构已成为评价林木对地下资源利用程度和反映植物间地下竞争的重要内容，并早已成为森林生态学研究的热点之一(李凌浩等，1998；贺金生等；2004)。

国内有关细根生物量季节动态变化的研究很多。研究结果表明，在生长季中，粗根的生物量变化很小，而细根(直径≤2mm)变化较大(温达志等，1999；杨玉盛等，2003)，细根生物量季节动态可以反映 C 的地下分配格局。细根生物量季节动态波动与土壤资源有效性季节变化有密切关系(张小全和吴可红，2001；Pregitzer *et al.*，2002；程云环等，2005)，细根生物量垂直分布上的差异与不同土壤层次的资源有效性的差异有很大关系(Pregitzer *et al.*，2000)。根系的空间分布除具有垂直分布这一重要属性外，水平分布特点也是空间分布的另一个重要属性。根系在水平位置和深度层次上的分布特征，是决定植物对土壤水分和养分吸收的基础(张立桢等，2005)。以往森林细根研究主要是对细根生物量等构型参数的现存量、季节动态及与环境的相关性进行研究(马新明等，2006)。但对于林木地下根系空间分布尤其是水平分布方面的研究较少，且细根水平分布的研究多见于异质性组分的森林，而林木各属性的空间分布与立地资源利用强度、种间和种内的竞争等相联系，是分析种群及群落动态的重要基石(陈光水等，2005)。细根的分布特征及其对干旱的抗御能力是土地生产力，尤其是半湿润、半干旱地区土地生产力高低的主要决定因素。有关细根的水平分布特征的研究目前还很少，陈光水等(2005)研究认为在距树干不同水平距离处，细根生物量分布存在很大差异。有关华北落叶松人工纯林细根生物量季节动态及垂直分布特征本文作者已做了相关的研究(杨秀云等，2007)。在此基础上，本研究进一步深入探讨以下两个问题：①细根生物量在土壤垂直方向上和距离树干不同水平方向上的季节动态变化规律如何？②细根生物量的季节动态与它的空间分布(垂直分布和水平分布)格局之间是否存在关联性？

1　研究区自然概况

研究区位于山西省关帝山森林经营管理局三道川林场，地理位置为110°30′E，37°28′N，海拔1600～1900m。年均气温8.85℃，1月均温－7.7℃，极端最低温－19.6℃，7月均温23.0℃，极端最高温34.5℃，无霜期100～120天，≥10℃年积温为2022℃，逐月均温变化如图2-1；年均降水量400～600mm，其中65%集中于7～9月，逐月降雨变化如图2-2。土壤为山地棕壤。

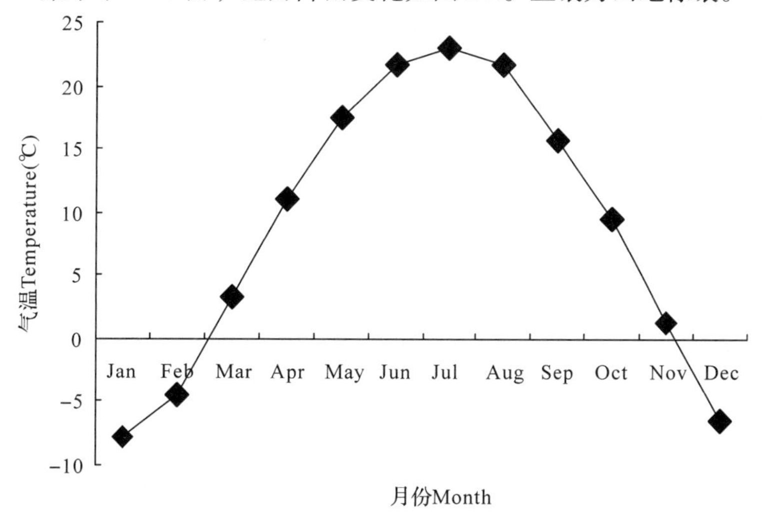

图2-1　研究地区逐月平均气温

Fig. 2-1　Monthly mean temperature

林下灌木数量较少，占林下植被总量的20%～30%，草本植物种类和数量较多，占林下植被总量的70%～80%。灌木种类主要有土庄绣线菊(*Spiraea pubescums*)、灰栒子(*Cotoneaster acutifolius*)、忍冬(*Loniscera* spp.)、荚蒾(*Viburnum schensianum*)、山刺玫(*Rosa davurica*)，蔷薇(*Rosa* spp.)、矮卫矛(*Eu-*

onymus nanus）。

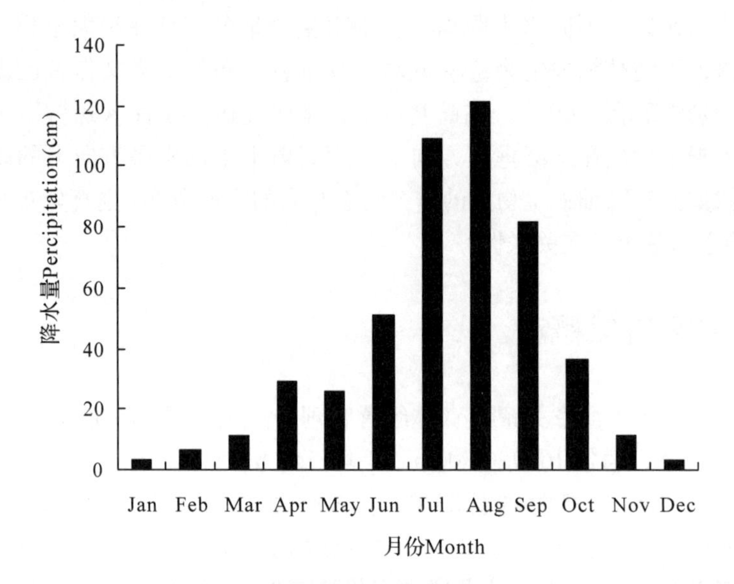

图 2-2　研究地区逐月平均降水量

Fig. 2-2 Monthly mean percipitation

2　研究方法

2.1　取样和样地调查

在研究区内选择立地条件相似，林分密度相近，人为干扰较少的华北落叶松人工纯林，设置 3 块样地，样地面积为 30m × 30m。每个样地内选择样木（接近样地平均树高和平均胸径的树木）12 株。样地基本情况见表 2-1。

为得到准确的细根生物量的估计，在取样时充分考虑到细根生物量及土壤各属性在垂直和水平方向的异质性特征。取样点设置方法采用以样木（接近样地平均树高和平均胸径的树木）树干为中心，水平方向上随机选择 3 个不同方位作为取样区，分别以距树干 20cm、50cm、100cm 处钻取土芯。垂直方向的取样在 0 ~ 30cm 土层中进行（华北落叶松属浅根性树种，根量主要分布在 0 ~ 30cm 深的土层中，因此取样区间设定在 0 ~ 30cm 土层），分别以 0 ~ 10cm，11 ~ 20cm 和 21 ~ 30cm 分三层取样。取样时间在华北落叶松的生长季节进行，依次为 5 月、7 月、9 月和 10 月。把每层的样品分别标记装入塑料袋内带回实验室分析。

表 2-1　样地林分基本特征

Tab. 2-1　Stand characteristics of the LP

样地号 Plot No.	冠幅 Crown(m)	密度 Stem density(stem · hm^{-2})	平均树高 Mean tree height(m)	平均胸径 Mean DBH(cm)
Plot 1	2.02	492	9.6	14.3
Plot 2	2.06	495	9.5	14.2
Plot 3	1.92	487	9.7	14.6

2.2　细根生物量的测定

在实验室内把土样用水泡软后，倒入筛孔为40目的筛网，用水冲洗，重复几次，将洗净后的根放入玻璃皿，注入少量蒸馏水，然后分拣落叶松及其他植物根系。在根系分拣中，根据细根的颜色、外形、弹性、根皮与中柱分离的难易程度区分活根和死根(黄建辉和韩兴国，1999,)。根系分级标准：≤1mm 细根、1～2mm 细根、2～5mm 中根、>5mm 粗根及≤2mm 死亡细根。(注：由于根钻法取样分析直径>5mm 的粗根误差很大，所以进行数据分析处理时只作为参考)。分拣好的各级细根在80℃烘干至恒重(24h)，用电子天平称重(精确到0.001g)，据此计算细根生物量。

细根生物量的计算公式如下：

细根生物量($g \cdot m^{-2}$)=平均每个土芯根干重(g)/[$\pi(\Phi/2)^2 \times (m^2 \cdot 10^4 cm^{-2})$]

式中 Φ(Φ=7.0cm)为土钻的直径。

2.3　试验统计方法

使用统计软件 SPSS for windows 12.0 计算各径级细根生物量的平均数、标准差和变异系数。依据方差分析和多重比较结果来评价不同土层深度、不同水平距离细根生物量的差异显著性及季节变化的差异显著性。由于2～5mm 细根生物量的季节动态变化不明显(韩有志等，1997；杨秀云等，2007)，因此本文只对≤1mm、1～2mm 活细根和≤2mm 死亡细根生物量作进一步的分析。

3　华北落叶松人工林细根生物量的季节动态

在 0～30cm 土层，总细根(包括活根和死根)生物量季节变化范围在 169.67～263.09$g \cdot m^{-2}$之间，9 月份细根生物量最大，5 月份细根生物量最少。0～10cm 土层细根生物量季节变化差异显著($P<0.05$)，11～20cm 和20～30cm 土层，细根生物量季节变化差别不明显($P>0.05$)(图 2-3)。故以下重点分析 0～10cm 土层范围内的细根生物量季节变化规律。

在 0～10cm 土层，距离树干 100cm 和 20cm 处，≤1mm 细根生物量的季节变化最明显，50cm 处季节变化差别不明显。距树干 100cm 处，总细根生物量在 9 月最大(172.82$g \cdot m^{-2}$)，5 月最少(69.28$g \cdot m^{-2}$)；≤1mm 细根生物量 7 月最大(109.70$g \cdot m^{-2}$)，5 月和 7 月细根生物量差异达到极显著水平($P<0.01$)；其他各月份之间无显著差异($P>0.05$)；1～2mm 细根生物量在 9 月份值最大(28.37$g \cdot m^{-2}$)，5 月和 9 月、5 月和 10 月、7 月和 9 月、7 月和 10 月有明显差异($P<0.05$)；≤2mm 死亡细根在 9 月积累量最大(52.50$g \cdot m^{-2}$)(图 2-3)。

距树干 50cm 处，总细根生物量 9 月最大(146.24$g \cdot m^{-2}$)，5 月最少(93.24$g \cdot m^{-2}$)；≤1mm 细根生物量在 9 月最大(72.43$g \cdot m^{-2}$)，1～2mm 细根生物量在 7 月最大(28.47$g \cdot m^{-2}$)，≤2mm 死亡细根在 9 月积累量最大(50.22$g \cdot m^{-2}$)(图 2-3)。

距树干 20cm 处，总细根生物量 9 月最大(185.68$g \cdot m^{-2}$)，5 月最少(73.47$g \cdot m^{-2}$)；≤1mm 细根生物量 9 月最大(115.73$g \cdot m^{-2}$)，5 月和 9 月、5 月和 10 月细根生物量差异达到显著水平($P<0.05$)；1～2mm 细根生物量 9 月最大(32.34$g \cdot m^{-2}$)，7 月和 9 月差异达到极显著水平($P<0.01$)，7 月和 10 月差异达到显著水平($P<0.05$)。≤2mm 死亡细根在 10 月积累量最大(39.68$g \cdot m^{-2}$)(图 2-3)。

4　华北落叶松人工林细根生物量的空间分布特征

从 5 月、7 月、9 月和 10 月的细根生物量总平均结果看，华北落叶松人工林细根(≤2mm)总生物量(死细根 + 活细根)为 224.89$g \cdot m^{-2}$。其中≤1mm

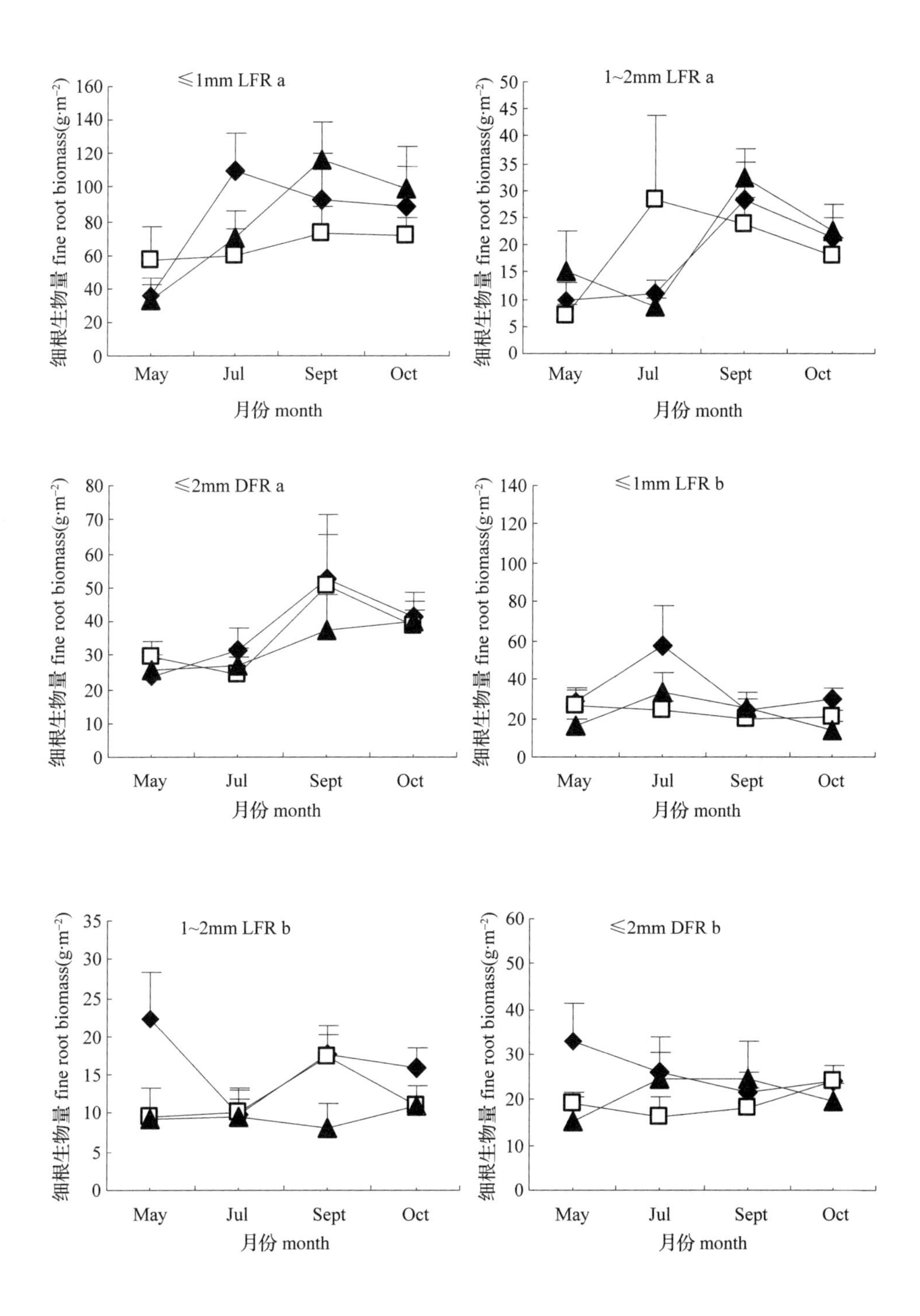

≤1mm LFR a
1~2mm LFR a
≤2mm DFR a
≤1mm LFR b
1~2mm LFR b
≤2mm DFR b
细根生物量 fine root biomass(g·m⁻²)
May
Jul
Sept
Oct
月份 month

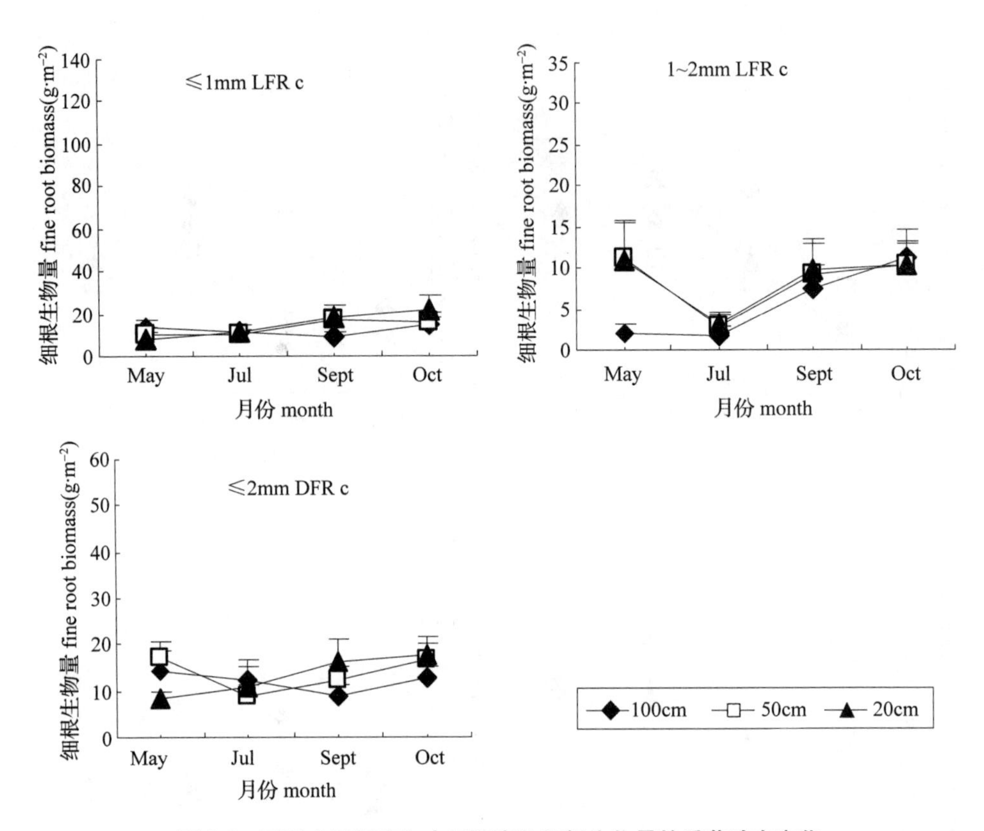

图 2-3 不同土层深度和水平距离处细根生物量的季节动态变化

Fig. 2-3 Seasonal dynamics of fine root biomass in different soil depths and horizontal distance

注：a：0 ~ 10cm，b：11 ~ 20cm，c：21 ~ 30cm；RFR：活细根 live fine root，DFR：死细根 dead fine root。

活细根生物量为 115.41g · m^{-2}，占总细根生物量的 51.32%；1 ~ 2mm 活细根生物量为 39.04g · m^{-2}，占总细根生物量的 17.36%；≤2mm 死细根生物量为 70.44g · m^{-2}，占总细根生物量的 31.32%。

华北落叶松人工林细根生物量分布具有明显的垂直分布特点，在 0 ~ 10cm 土层细根生物量为 129.21g · m^{-2}，占总细根生物量的 57.45%；11 ~ 20cm 土层细根生物量为 61.54g · m^{-2}，占细根总生物量的 27.37%；21 ~ 30cm 土层细根生物量为 34.14g · m^{-2}，占细根总生物量的 15.18%，即随着土层深度的增加细根生物量降低。方差分析结果表明，≤1mm 细根生物量随土层深度的增加差异极显著($P < 0.01$)。

华北落叶松人工林细根生物量表现一定的水平分布特征，距离树干

100cm 处总细根生物量分布最多，为 244.20g · m^{-2}，其次为距离树干 20cm 处，细根生物量为 221.03g · m^{-2}，距离树干 50cm 处细根生物量最少，为 209.45g · m^{-2}。方差分析结果表明，细根生物量在距树干不同水平距离处差异不显著($P>0.05$)。

在不同土层深度，细根生物量的分布表现不同的特征(图 2-4)。在 0 ~ 10cm 土层，细根生物量分布表现最为复杂，≤1mm 细根生物量在距离树干 100cm 处分布最多，50cm 处分布最少，20cm 居中，呈现出凹形；1 ~ 2mm 细

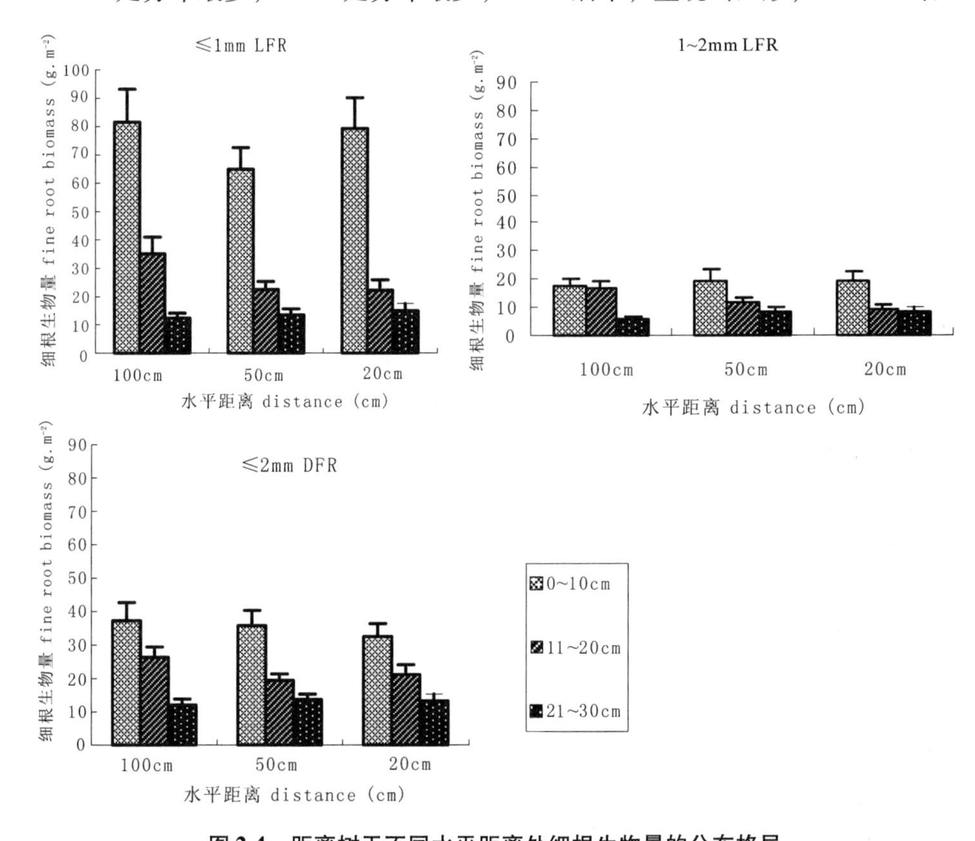

图 2-4　距离树干不同水平距离处细根生物量的分布格局

Fig. 2-4　Fine root biomass in horizontal distribution

根生物量呈直线型，随着距离树干距离的增加而减少；≤2mm 死细根生物量呈直线型，随着距离树干水平距离的增加而增加。11 ~ 20cm 土层，不同径级细根生物量分布表现相似，均随着距离树干水平距离增加而增加。21 ~ 30cm 土层，与 11 ~ 20cm 土层深度表现正好相反，各不同径级细根均随着距离树干水平距离增加生物量反而减少。

5 讨 论

5.1 细根生物量的季节动态变化

温带森林受气候因子影响较大，土壤资源有效性随之也具有明显的季节动态变化，导致细根生物量的季节性波动(Pregitzer *et al.*，2002)。土壤资源有效性在垂直分布上的差异使得不同季节，甚至同一季节各个层次细根的结构和功能发生转变(Pregitzer *et al.*，2000)。本研究表明，华北落叶松人工林细根生物量表现出明显的季节性波动。细根生物量的季节变化主要受不同季节和不同土层深度影响较大。细根生物量随季节变化有一定差异，且径级越细的根生物量的季节变化差异越明显，其中≤1mm 细根生物量随季节变化差异达到极显著($P<0.01$)；不同土壤深度细根生物量的季节差异表现有不同特点，土壤表层随季节变化水热条件差异较大，使得土壤表层细根生物量的变化较土壤下层相比较明显。而且，由于土壤表层水热条件受季节变化影响较下层土壤大，使得土壤表层细根生物量的季节变化比下层明显。

在树干不同的水平距离处，细根生物量的季节变化较大，总体上在距树干 100cm 和 20cm 处细根生物量季节动态变化差异显著，而 50cm 处季节变化差异不明显。本研究区的华北落叶松人工林，在距树干 100cm 处，细根生物量峰值出现在 7 月，比 5 月上升了 1 倍，5 月气温较低(17.5℃)及土壤的有效养分较低，细根生长较慢；7 月气温上升(23℃)，为一年中主要降雨集中季节，土壤的水分含量大，土壤的有效养分增加，土壤资源有效性有利于细根的生长，所以细根生物量增多。1~2mm 细根峰值出现在 9 月，9 月细根生物量分别比 5 月份和 7 月份提高了 1.8 倍和 1.6 倍。在距离树干 20cm 处，≤1mm 和 1~2mm 细根生物量的季节动态变化表现为单峰型，峰值出现在 9 月份。虽然夏季土壤资源的有效性(如温度、养分和水分)有利于细根生长，但 C 的分配格局发生变化，主要分配到枝条和树干中(Pregitzer，2003)。根据华北落叶松的生长特点，在 20~24℃生长最快，叶子的生长要持续到 8 月份以后，所以在 5~9 月份生长季节中光合作用的产物主要用于地上部分的生长，到了 9 月份地上部分停止生长，C 的分配格局发生改变，主要用于地下部分生长，细根生物量得到积累。

5.2 空间距离对细根生物量的影响

Jackson 等(1996)认为，导致根系分布空间异质性的主要原因是土壤的空间异质性，细根生物量在垂直空间的异质性是由于随土层深度的增加，土壤的有效养分和水分量在减少，因此随土层加深细根生物量分布也逐渐减少(Jackson *et al.*，1996)。有关细根生物量与距离树干水平距离间关系的研究，目前有两种不同的结论。一些研究认为细根生物量与距树干水平距离有关，如 Persson(1980)研究表明在离树干0.5~1.0m处细根数量最大，且显著高于离树干1.5、2.0、2.5、3.0m的细根数量；而另一些研究则表明森林中细根生物量分布与距树干水平距离无关。本研究发现，华北落叶松人工林细根生物量(土壤表层0~10cm)在距离树干100cm处最大。细根分布对土壤异质性有很强烈的反应，如细根分布与枯枝落叶层数量、土壤有机质含量、养分含量等的水平分布差异相关(Hendrick & Pregitzer，1997)。树冠对降水的再分配及对降水化学性质的影响，能显著改变林冠下及树干周围的土壤湿度、化学性质等，并进而显著改变靠近树干一定范围内的细根水平分布(Olsthoorn *et al.*，1999)；细根生物量的水平格局还受林下土壤湿度、光照、温度的综合影响(耿玉清等，2002)。本研究中距树干100cm取样位置基本位于华北落叶松树冠边缘，树冠对降水截留少，同时光照相对较好，细根倾向于占据这些有利的营养空间，这可能是细根生物量分布多的主要原因。

5.3 空间分布和季节动态对细根生物量的交互影响

林木细根生物量与其所在的气候带有很大的关系，同时采样方法等也影响对细根生物量的估计(Idol *et al.*，2000；郭忠玲等，2006)。不同的群落类型，细根生物量季节动态变化规律也不一致，主要受群落主要优势树种细根发生过程中的生物学、生态学特性及外界环境综合影响的结果(Hendrick & Pregitzer，1996；史建伟等，2007)。把0~30cm土层细根生物量与土壤深度、水平距离和季节变化进行综合分析(表2-2)，结果表明华北落叶松人工林细根生物量(≤1mm)主要受季节和土壤深度因素的影响，不同水平距离对其影响较小。1~2mm细根和≤2mm死亡细根生物量受时间、土壤深度和水平距离变化的影响差异不大。所以要更准确地对细根生物量做出估计，必须考虑几方面的因素：①细根分级标准的确定，是≤1mm、还是≤2mm作为分级的基础来进行分析；②采样点的设置，是距离树干一定的水平距离采样还是随机取样或者采用栅格取样的方法；③除考虑垂直土壤深度对细根生物量的影响外，还要考虑距离树干水平距离对细根生物量的影响。

表 2-2　土层深度、水平距离和季节变化对华北落叶松细根生物量交互影响的方差分析

Tab. 2-2　ANOVA for Influence of different soil depths, distances and dates on the fine root biomass of *Larix principis* – *rupprechtii* plantations

细根类型 Fineroot class	变异来源 Source of variance	自由度 df.	均方 MS	F 值 *F*	P 值 *P*
≤1mmLFR	距离 Distance	2	1431. 631	1. 356	0. 259
	土层深度 Soil depths	2	95860. 049	90. 789	0. 000
	时间 Dates	3	6651. 978	6. 300	0. 000
	距离 × 土层深度 D × SoilD	4	1175. 629	1. 113	0. 350
	距离 × 时间 D × Dates	6	1015. 787	0. 962	0. 451
	土层深度 × 时间 Soil D × Dates	6	5126. 031	4. 855	0. 000
	距离 × 土层深度 × 时间 Distance × Soil Depth × Dates	12	661. 172	0. 626	0. 819
1 ~ 2mmLFR	距离 Distance	2	3. 144E + 07	1. 254	0. 287
	土层深度 Soil depths	2	3. 167E + 07	1. 263	0. 284
	时间 Dates	3	3. 122E + 07	1. 245	0. 294
	距离 × 土层深度 D × SoilD	4	3. 113E + 07	1. 242	0. 293
	距离 × 时间 D × Dates	6	3. 1023E + 07	1. 237	0. 287
	土层深度 × 时间 Soil D × Dates	6	3. 0783E + 07	1. 228	0. 292
	距离 × 土层深度 × 时间 Distance × Soil Depth × Dates	12	3. 041E + 07	1. 213	0. 273
≤2mmDFR	距离 Distance	2	2. 168E + 08	0. 974	0. 379
	土层深度 Soil depths	2	2. 166E + 08	0. 973	0. 379
	时间 Dates	3	2. 161E + 08	0. 970	0. 407
	距离 × 土层深度 D × SoilD	4	2. 174E + 08	0. 977	0. 421
	距离 × 时间 D × Dates	6	2. 148E + 08	0. 965	0. 449
	土层深度 × 时间 Soil D × Dates	6	2. 180E + 08	0. 979	0. 440
	距离 × 土层深度 × 时间 Distance × Soil Depth × Dates	12	2. 169E + 08	0. 974	0. 474

6　结　论

（1）华北落叶松人工林细根生物量分布具有一定的水平分布特征，不同径级细根及不同土层深度细根生物量的水平分布特征不同。土壤表层 0 ~ 10cm，细根生物量在距离树干 100cm 处分布最多，其次为 20cm 处，50cm 处分布最少。树冠下和树冠外光照、降水的截流及土壤资源的有效性差异，最终导致

细根生物量水平分布差异。但在土壤下层(20～30cm)，细根生物量随距离树干水平距离的增加而减少，原因可能是处于这一层次的土壤几乎是同质性的，根系的分布特点主要是由树种本身根系的形态生长特点所决定。华北落叶松细根有明显的垂直分布特征，即随着土壤深度的增加，细根生物量减少。

(2)华北落叶松人工林细根生物量表现明显的季节波动性，在0～10cm土层各径级细根生物量的季节变化差异显著($P<0.05$)，而土壤中层和下层细根生物量季节动态变化差异不显著($P>0.05$)。在0～10cm土层，距离树干100cm和20cm处，≤1mm细根生物量的季节变化最明显，50cm处季节变化差别不明显。综合考虑土壤深度、距树干不同水平距离及时间变化时，≤1mm细根生物量受这些因素的影响作用更大一些。

(3)研究结果表明华北落叶松细根生物量具有明显的空间变异性，用传统的取样和统计学方法来估计细根生物量值有很多偏差，如果能借助更好的统计方法来研究细根生物量在空间上的变异性，会使我们对细根生物量的估计更准确。

第3章 关帝山亚高山华北落叶松林下植被根系生物量的时空变化

生物量是指一定面积上某个时间存在的活植物体的量值，是生态系统获取能量能力的主要体现，对生态系统的结构形成具有十分重要的影响(Copley，2000；黄建辉和韩兴国，1999)。当前人们已经对地上部分进行了相当深入的研究，然而由于地下系统的隐蔽性，对鲜为人知的地下部分则依然了解甚少，从而导致生态系统过程研究中出现一些致命的不足(贺金生等，2004)。从20世纪中期以来，随着人类对生物地球化学循环过程的重视，森林根系的研究才受到关注，对它的研究加深了人们对森林生态系统功能和效益的了解。

森林是重要的自然资源，森林地下系统是支撑地上树干和枝干的强大基础，森林环境中根系的生理生态过程直接影响到树木与环境之间的能量转换和物质分配，对森林生态系统生产力有决定性的作用(李凌洁和王其兵，1998)。森林生态系统中的灌丛草本植物群落具有明显增加生物多样性、防止水土流失、改良土壤结构、保持和提高土壤肥力、促进林木生长、改善林地小气候、加速生态恢复等方面的功效，其功能相当强大且多种多样的林下灌丛草本根系与树木根系同时占据森林环境的一定空间，尤其是土壤上层空间(李鹏等，2002；薛建辉等，2002)。

山西省关帝山自然保护区是华北落叶松的主要分布区，其林下草本植物种类和数量较多。关于该林区结构特征、地上生物量和生产力等方面的研究已有部分的报道(李建国和贺庆棠，1996；郭晋平等，1998；张金屯和孟东平，2004)。本研究在山西省关帝山林区选择典型的华北落叶松人工林作为研究样地，主要研究华北落叶松林下灌木丛草本植物群落根系生物量空间分布以及季节动态变化，旨在深入了解华北落叶松林潜在的地下生态学过程，以及地下生产力特征，为进一步精确评估森林生态系统生物量和生产力奠定基础，并为科学地进行华北落叶松人工林培育和经营管理提供基础依据。

1　样地概况和研究方法

1.1　研究区自然概况

研究区自然概况见第2章，研究区土壤基本情况见表3-1。

表3-1　研究地区土壤化学性质

Tab. 3-1　Soil（top 5～55cm）properties at the study area

取样深(cm) Soil depth	全氮(%) Total N	全磷(%) Total P	速效钾(%) Available P	有机质(%) Organic
5～20	0.355	0.070	0.246	8.217
20～3	0.281	0.054	0.144	6.412
43～55	0.072	0.043	0.135	1.750

注：来自《山西森林》华北落叶松林的分布和生态环境部分。

1.2　研究样地植被基本情况

研究样地为华北落叶松人工纯林，西北坡向，坡度20°，中坡。林龄为30年，林分郁闭度0.6～0.7。林分密度平均为492株·hm^{-2}，平均胸径14.27cm，平均树高为9.57m。

林下草本植物种类和数量较多，占林下植被总量的70%～80%。草本植物主要有红花鹿蹄草(*Pyrola incarnata*)、舞鹤草(*Maiannthemum bifolium*)、铃兰(*Convallaria majalis*)、糙苏(*Phlomis umbrosa*)、草问荆(*Equisetum pratense*)、苔草(*Carex* spp.)、景天(*Sedum* spp.)、耧斗菜(*Aquilegia*)、马先蒿(*Pedicularis* spp.)、蒿(*Artemisia* spp.)、早熟禾(*Poa annua*)等，其中以禾本科草为主。

1.3　取样方法

样地设置和采样时间同第2章。

样品处理和分析：

(1)洗根：在实验室内把土样用水泡软后，倒入筛网，用水冲洗，重复几次，将洗净后的根系放入塑料袋中。

(2)拣根：拣出的根系，用放大镜、剪刀、镊子等工具分别分出乔木的根和林下植被的根。

把每个土芯分级好的根系样品分别包裹，在80℃恒温条件下烘干至恒重

(24h)，用电子天平称重。

根系生物量($g \cdot m^{-2}$) = 平均每个土芯根干重(g)/[$\pi(\Phi/2)^2 \times (m^2 \cdot 10^4 cm^{-2})$]

式中 Φ(Φ =7.0)为土钻的直径。

1.4 数据分析

数据分析使用 Spss12.0 统计软件对根系生物量进行平均数、求和、标准差的分析，用以分析根系生物量现存量的基本情况，对根系生物量的季节变化使用单因素方差分析(one way ANOVA)来测定季节变化的显著性。

2 林下植被根系生物量及季节动态变化

林下植被根系生物量全年的平均值为 127.16$g \cdot m^{-2}$，变化范围 94.79 ~ 215.57$g \cdot m^{-2}$，变化较为明显。经方差分析结果表明，林下植被根系生物量有明显的季节动态变化($P<0.05$)。林下植被根系生物量全年有 2 个最大值(5 月，8 月)，2 个最低值(7 月，10 月)(图 3-2)，5 月的极值与林下早春植物的迅速生长有关，此时林下土温开始回升，而树木则开始展叶，林下阳光充裕，极利于早春植物的生长，由于有的早春植物属短命植物，有的寿命只有几个月甚至更短，当林内树木充分展叶后，许多早春植物死去，所以到了 7 月份林下植被根系生物量达到最低点。到 8 月中下旬，气温开始降低，有利于一些秋季生长的植物生长，林下植物的生长又开始复苏，但总的生物量要比春季减少很大，主要是秋季的热量和光照条件远没有春季的充足。

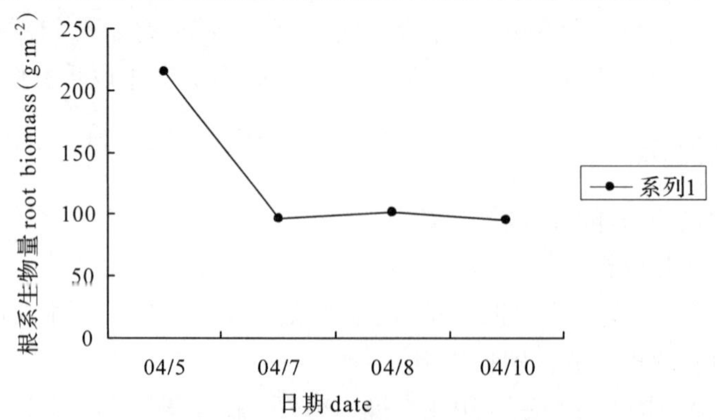

图 3-2 林下植被根系生物量的季节动态变化

Fig. 3-2 Seasonal patterns of root biomass of vegetation under forests

3　林下植被根系生物量的垂直分布及季节动态变化

林下植被根系生物量在0～10cm土层分布最大，占植被根系总生物量的65%，之后随土层深度的增加，草本根系量迅速减少，10～20cm、20～30cm分别占根系总生物量的25%和10%（图3-3）。这主要是由于林下植被本身的生物学特性和土壤水分、养分垂直分布的空间异质性造成的。林下土壤表层土壤有机质含量和有效养分的含量明显高于下层土壤（表3-1）；同时本试验地林下，主要是以禾本科草为主，禾本科草的根系大部分都是浅根型的，主要分布在土壤的表层0～20cm土层中（李鹏等，2011）。

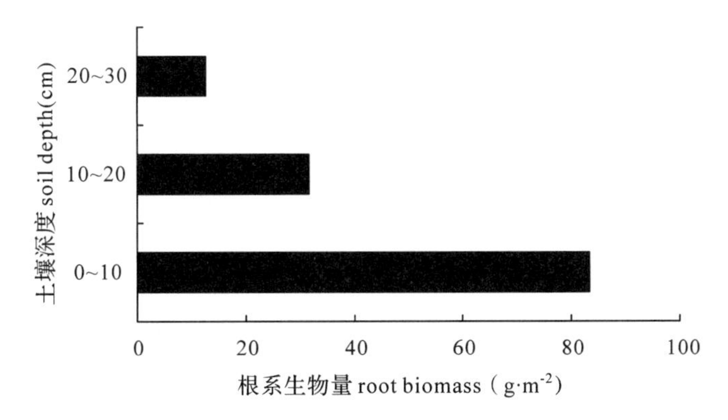

图3-3　林下植被根系生物量垂直分布

Fig. 3-3　Vertical distribution of root biomass of vegetation under forests

经方差分析结果表明，林下植被根系生物量在0～30cm各土层的季节变化均达到显著水平（$P<0.05$），其中10～20cm土层季节变化的显著性最明显，其次为0～10cm土层（图3-4）。表明林下草本植被根系在10～20cm土层最活跃，季节变化性较大。林下植被根系生物量在土壤的不同层次季节变化规律很相似，表现为5～7月份根系生物量急剧下降，从7月份开始生物量变化很缓慢。

4　林下植被根系生物量的水平分布及季节动态变化

林下植被根系生物量的变化为20cm处和100cm处根系分布较多，而50cm处根系分布较少。主要由于林下植被经过自然竞争形成一定的水平格局，受林内湿度、光照、温度、枯枝落叶层厚度及土壤条件的综合影响，其

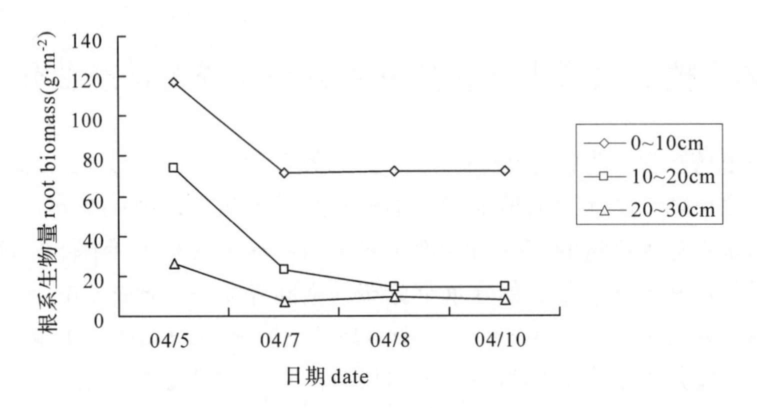

图 3-4　林下植被根系生物量的垂直季节动态

Fig. 3-4　Vertical and seasonal patterns of root biomass of vegetation under forests

中受光照因子影响较大(张小全，2001)。耿玉清等(1992)对人工针叶林林冠空隙土壤的研究结果表明，林隙中灌木和草本的物种丰富度指数比林下高。距离树干 100cm 处与林隙的位置，光照强度比较充足，因此根系生物量最大。20cm 范围内光照可以通过侧枝间的空隙进入土壤，但相对于林隙中的光照而言相对较少，所以生物量少于林隙中的生物量。50cm 处正好处于华北落叶松的林冠下，光线透过树冠射入底层是有限的，这个范围内的林下植物根系生物量最少(图 3-5)。

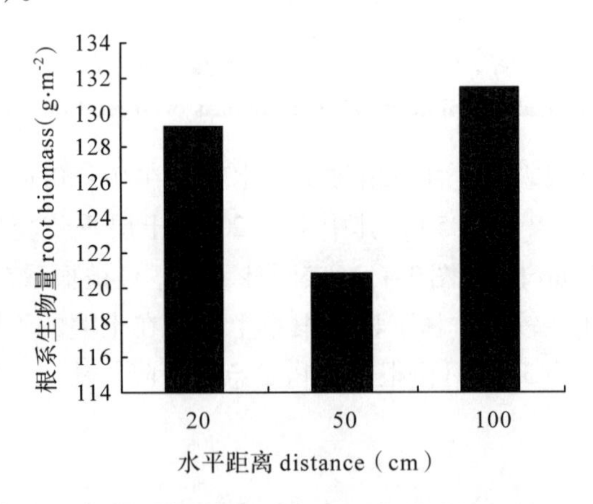

图 3-5　林下植被根系生物量的水平分布

Fig. 3-5　Level distribution of root biomass of vegetation under forests

经方差分析得知，20cm 处的根系生物量的季节变化不显著($P>0.05$)，而 50cm 和 100cm 处的季节变化均达到显著水平($P<0.05$)。处于树干不同水

平距离处的林下植被根系生物量的季节变化各不相同，距离树干20cm处和100cm处的地方，全年有两个生长高峰(图3-6)，距离20cm处的生长高峰在5月和8月，距离100cm处的生长高峰分别在5月和10月；距离树干50cm处全年的生长只有一个高峰期(5月)，其后生物量逐渐减少。林下植被根系生物量的季节变化与温度和光照密切相关(廖利平等，1995)，距离树干20cm处的温度和光照都没有50cm和100cm处的温度和光照季节变化那么明显，所以根系生物量的季节差异相对也不显著。

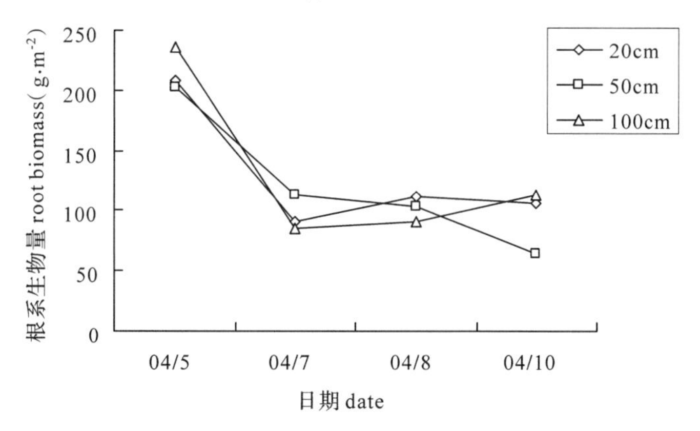

图3-6　林下植被根系生物量水平分布季节变化

Fig. 3-6　Seasonal and level patterns of root biomass of vegetation under forests

5　结　论

(1)林下植被在一个生长季节中的生物量有很大的变化，它的平均值代表了生态系统利用能量的能力。华北落叶松林下植被根系生物量的均值为127.16g · m^{-2}，季节动态变化差异显著($P<0.05$)，表现为双峰型，生物量的最大值出现在5月(215.57g · m^{-2})。

(2)林下植被根系生物量有明显的垂直分布特点，表现为随土层加深生物量急剧减少，且在不同土层深度生物量的季节变化表现不相同，10～20cm土层根系活动最旺盛。距离树干0～1m水平距离范围内，根系生物量的分布表现为V型，且在不同的水平分布距离处根系生物量的季节变化规律不同，林下植被根系生物量的水平分布及季节动态与林隙光照有很大的关联性。

第4章　华北落叶松细根生物量空间异质性

随着全球碳循环研究的开展，作为森林生态系统中土壤碳的主要来源，细根的研究受到了广泛的关注(Schlesinger，1999；Morgan，2002)。细根(≤2mm)作为根系中最活跃的部分，参与森林生态系统的能量流动和物质循环过程(Santantinio & Grace，1987)。以往人们对于根系分布特征的研究很多，尤其是对根系的垂直分布特征进行了大量的研究(张立桢等，2005；梅莉等，2006)，研究时常采用离树干特定距离处或随机取样的方法来进行取样，采样的理论基础是在郁闭的人工林中，邻近林木的根系相互交叉镶嵌，不同位置的细根可能趋于均质分布(杨丽韫等，2007；甘卓亭和刘文兆；2008)。但目前研究发现树干间细根生物量呈均匀分布的林分极少，根系除具有典型的垂直分布特性外，在水平分布上也不是均匀的，根系分布因植物种、生存环境和外界的干扰等因素的影响而改变，众多研究表明，不论是大尺度上还是小尺度上，地下根系生物量均表现为高度的空间异质性现象，即斑块性(陈光水等，2005；孙志虎等，2006)。地下根系分布的异质性，降低了对根系分布状况的可预知性，测定工作也较困难(Rytter，2001)。根系在空间分布上的异质性和异质性的物候格局，使得根系能更加充分地利用空间异质性和时间异质性的营养资源(Goovaerts，1997)。

林分被干扰后，在植被的演替和恢复过程中，植物群落组成、林分结构、土壤理化性质和养分含量都会发生相应的变化，细根生物量组成和空间分布也会随之改变，从而使土壤中碳贮量的分布发生相应变化(谷加存等，2006)。人类生活、经营等活动与植物群落联系越来越紧密，人为干扰作为最重要的干扰类型，使得干扰对植物的影响变得更加复杂和重要(毛志宏和朱教君，2006)。以往研究多集中于干扰对植物群落组成、多样性及林下环境条件变化的研究，对于林木细根生物量的影响研究报告较少。基于以上考虑，本研究选取两块华北落叶松林分样地进行对比研究(受采伐干扰林分样地 A 和未采伐干扰林分样地 B)，利用地统计学区域化变量理论的格局分析方法，探讨采伐干扰对林木细根生物量分布格局的影响，为更深入了解华北落叶松地下生态学过程及为森林生态系统细根碳储量评估提供基础依据。

1　试验材料与方法

1.1　研究区概况

研究区位于山西省西部吕梁山脉中段的庞泉沟国家级自然保护区（111°21′~111°37′E，37°45′~37°59′N）内。属受季风影响和控制的暖温带大陆性山地气候，年平均温度3~4℃，1月均温-10.2℃，极端最低温-29.17℃，7月均温17.5℃，极端最高温38.5℃，≥0℃积温为2100℃。年均降水量820mm，主要集中在夏季（6~8月），年均相对湿度70.9%左右，年均蒸发量1100~1500mm。无霜期年际变幅很大，平均为100~130天；年日照时数1900~2200h。土壤主要为山地棕壤。

对样地立木分布情况（图4-1）、林分基本情况（表4-1）、林下灌草丛进行调查及根系取样试验。林下灌丛草本植物种类在样地A和B中基本相同，灌木种类主要有土庄绣线菊、灰栒子、忍冬、荚蒾、山刺玫，蔷薇、矮卫矛；草本植物种类主要有苔草、早熟禾、糙苏、红花鹿蹄草、舞鹤草、铃兰、草问荆、景天、耧斗菜、马先蒿、蒿等，其中以禾本科草为主。

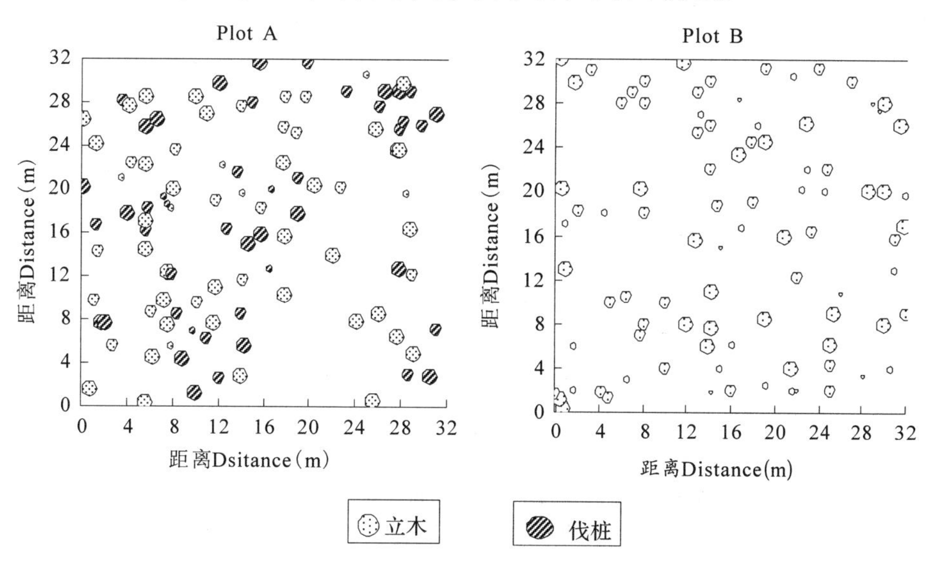

图4-1　样地断面积分布图

Fig. 4-1　The maps of basal area distribution in plots

表 4-1 样地基本情况

Tab. 4-1 Stand characteristics of *Larix*. in plots

样地 Plot	林龄 Stand age(a)	胸径 DBH (cm)	树高 Height (m)	密度 Density (棵 · hm^{-2})	坡度 Grade (°)	坡向 Slope direction	坡位 Slope position	海拔 Altitude(m)	枯枝落叶层厚度 Depth of litter(cm)
A	50	23.5	22	507	25	东北	中	1822	2
B	50	17.9	24	751	30	东北	中上	1890	3

1.2 细根采集、分离及生物量测定

1.2.1 取样方法

取样方法采用地统计学理论和空间格局分析的小支撑、多样点的取样设计原则进行。首先将 32m×32m 的样地等距离间隔划分为 64 个 4m×4m 样方，然后在样地对角线上选取 2 个 8m×8m 的小样方，在其内设置 2m×2m、1m×1m 和 0.5m×0.5m 格子样方，在网格线的交叉点处取样，样点总体布设如图 4-2，共 179 个取样点。

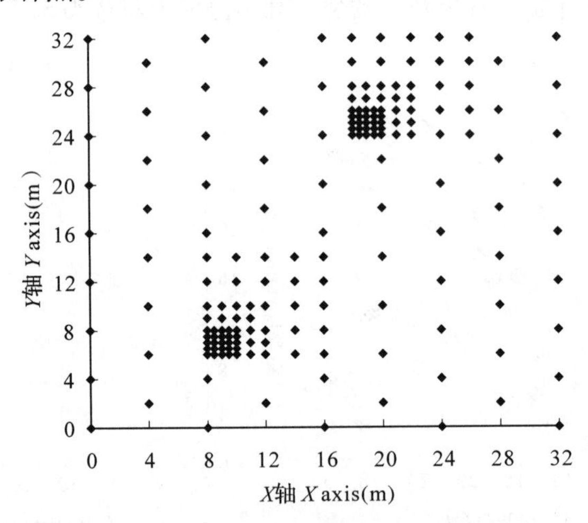

图 4-2 空间取样设计(*X* 轴和 *Y* 轴为样地边界)

Fig 4-2 Spatial sampling design(*X* and *Y* are plot boundaries)

按照图 4-2 所示在全部样点上用土钻取样，土钻的内径为 7.0cm。取样深度为 0～30cm，分别以 0～10cm、10～20cm、20～30cm 三层进行。取样时，先除去表层枯枝落叶。将取出的土壤样品装入塑料袋密封冷冻(0～4℃)保存，

取样后很快将细根分离出来进行测定。

1.2.2　细根的分离、鉴定和生物量测定

方法同第2章2.2细根生物量的测定。

1.3　数据处理

1.3.1　经典统计分析

用SPSS for windows 12.0统计软件进行华北落叶松细根生物量平均数、标准差、变异系数的分析。用单因素方差分析检验不同样地同一土层和同一样地不同土层细根生物量的差异。

1.3.2　异常值的识别、处理和原始数据的正态检验和转换

异常值(outliner)的判断和处理采用的方法是域法识别，即样本平均值(ã)加减3倍的标准差(s)，在区间(ã ± 3s)以外的数据为特异值，而后分别用正常的最大值或最小值来代替。用柯尔莫哥洛夫 - 斯米诺夫[Kolonogorov - Semirnov($K-S$)]正态性检验方法检验细根生物量正态分布，符合正态分布的数据直接进行地统计学分析[$P(K-S)>0.05$]；不符合正态分布的数据会导致变异的波动大，降低估计的精度，使得某些潜在的特征不明显，因此对不符合正态分布的数据，经过对数转换(log-normal transform)或方根转换(square-root transform)后再进行地统计学分析。

1.3.3　细根生物量的地统计学分析

地统计学分析用GS + Win5.0软件进行。变异函数(semivariogram)用$r(h)$来表示，为区域化变量$Z(x_i)$和$Z(x_i+h)$增量平方的数学期望，即区域化变量的方差。其通式为：

$$r(h) = 1\sum_{i=1}^{N(h)}[Z(x_i) - Z(x_i+h)]^2$$

式中$r(h)$为变异函数；h为步长，即为减少各样点组合对的空间距离个数而对其进行分类的样点空间间隔距离；$N(h)$为距离为h的点对的数量；$Z(x_i)$和$Z(x_i+h)$分别为变量Z在空间位置x_i和x_i+h的取值。

计算细根生物量的变异值并拟合理论模型，理论模型参数基台值C_0+C表示变量的最大变异程度，它的值越大表示变量的异质性程度越高。而块金

值 C_0是空间距离为零时的变异值，表示随机部分的空间变异性，较大的块金值表明较小的尺度上某种生态学过程不容忽视。结构方差(spatially structure variance，C)与基台值之比 $C/(C_0+C)$可度量空间自相关的变异所占的比例，而块金值(nugget，C_0)与基台值之比 $C_0/(C_0+C)$可用于估计随机因素在所研究的空间异质性中的相对重要性。变程(Range，A)表示研究变量空间变异中空间自相关变异的尺度范围，在变程内，空间越靠近的点之间其相关性越大，距离大于变程的点之间不具备自相关性。对于决定系数 R^2多大，回归模型才有价值，则需要进行 R^2的 F 检验。

分维数(fractal dimension)可对不同变量之间的空间自相关强度进行比较，求算分形维数所采取的方法是在双对数坐标下进行线形回归，所得拟合直线的斜率为分维数值。

$$2\gamma(h)=h^{(4-2D)}$$

2　细根生物量的空间变异

2.1　林分细根生物量的描述统计分析

由细根生物量的统计值可见(表4-2)，0～10cm 土层，在不考虑空间位置和取样间隔的情况下，各径级(≤1mm、1～2mm、2～5mm 活细根和≤2mm 死亡细根)细根生物量在样地 A 和样地 B 均表现出较大变异(Cv >57%)。采伐干扰林分样地 A 各径级细根生物量均值减少，分别比样地 B 减少了 8.14%、48.29%，47.96%、74.21%。样地 B 中≤1mm、1～2mm、2～5mm 活细根和≤2mm 死亡细根各径级细根生物量的波动幅度分别为 0～597.95g · m^{-2}、0～227.74g · m^{-2}、0～671.26g · m^{-2}和 0～177.56g · m^{-2}，均大于样地 A。方差分析结果表明，0～10cm 土层相同径级细根生物量样地 A 与样地 B 相比差异显著($P<0.05$)。

10～20cm 土层，各径级细根生物量样地 A 和样地 B 异质性现象明显(Cv >77%)。≤1mm 细根生物量在采伐干扰样地 A 略有增加(4.34%)；样地 A，1～2mm、2～5mm 活细根和≤2mm 死亡细根生物量分别比样地 B 减少了 60.53%、67.56%、67.32%。各径级细根生物量的波动幅度在样地 B 中分别为 0～196.66 g · m^{-2}、0～161.70g · m^{-2}、0～640.06g · m^{-2}和 0～210.32g · m^{-2}，均大于样地 A。≤1mm 活细根生物量样地 A 与样地 B 差异不显著($P>0.05$)；1～2mm、2～5mm 活细根和≤2mm 死亡细根生物量样地 A 与样地 B 相比差异显著($P<0.05$)。

表 4-2　细根生物量的描述统计分析

Tab. 4-2　Descriptive statistics of fine root biomass at different soil depths

土层 Soil depth	样地 Plot	根系径级 Fine root class	平均数 Mean	中位数 Median	标准差 Std. deviation	变异系数 Cv(%)	最小值 Min	最大值 Max	偏度 Skewness	峰度 Kurtosis	$K-S$ 值 $K-S$ value
0~10cm	A	≤1mm	186. 42	173. 69	113. 85	61	0. 00	538. 31	0. 36	0. 19	1. 48
		1~2mm	38. 93	37. 96	25. 55	66	0. 00	104. 25	0. 50	0. 17	1. 80
		2~5mm	63. 23	50. 70	62. 12	98	0. 00	275. 06	1. 20	1. 36	11. 97
		≤2mmdr	15. 53	10. 79	16. 03	103	0. 00	71. 75	1. 07	0. 68	10. 50
	B	≤1mm	202. 93	184. 58	115. 45	57	0. 00	597. 95	0. 92	1. 18	5. 29
		1~2mm	75. 29	66. 03	47. 50	63	0. 00	227. 74	0. 87	0. 81	0. 76
		2~5mm	121. 51	83. 71	126. 85	104	0. 00	671. 26	1. 40	2. 48	9. 43
		≤2mmdr	60. 22	56. 41	36. 41	60	0. 00	177. 56	0. 76	0. 65	0. 87
10~20cm	A	≤1mm	53. 16	42. 65	43. 03	81	0. 00	191. 59	1. 24	1. 37	1. 51
		1~2mm	17. 84	10. 72	20. 18	113	0. 00	90. 21	1. 45	1. 47	4. 81
		2~5mm	39. 08	23. 66	46. 25	118	0. 00	188. 48	1. 09	0. 54	32. 13
		≤2mmdr	8. 94	0. 00	5. 05	172	0. 00	35. 88	2. 59	10. 31	65. 32
	B	≤1mm	50. 95	40. 56	45. 67	90	0. 00	196. 66	1. 14	0. 55	1. 81
		1~2mm	45. 20	37. 96	34. 74	77	0. 00	161. 70	0. 72	0. 05	3. 24
		2~5mm	120. 46	77. 47	142. 02	118	0. 00	640. 06	1. 55	2. 09	17. 59
		≤2mmdr	27. 36	21. 19	23. 34	85	0. 00	210. 32	3. 59	22. 54	0. 92
20~30cm	A	≤1mm	28. 59	20. 11	30. 15	105	0. 00	186. 29	2. 27	6. 97	1. 37
		1~2mm	10. 60	3. 90	17. 10	161	0. 00	133. 63	3. 60	18. 57	8. 77
		2~5mm	27. 89	0. 00	45. 02	161	0. 00	359. 29	3. 06	16. 14	48. 32
		≤2mmdr	3. 95	0. 00	13. 55	92	0. 00	53. 39	8. 21	84. 55	80. 79
	B	≤1mm	13. 70	6. 24	22. 93	167	0. 00	231. 38	5. 36	45. 42	17. 65
		1~2mm	20. 14	4. 16	29. 02	144	0. 00	163. 26	1. 83	3. 75	43. 40
		2~5mm	68. 73	0. 00	140. 21	204	0. 00	840. 76	3. 02	10. 55	72. 70
		≤2mmdr	11. 47	8. 58	9. 63	84	0. 00	62. 64	1. 12	0. 81	2. 43

注：dr 指 dead root（死亡细根），下同。

20~30cm 土层，各径级细根生物量样地 A 和样地 B 中表现明显异质现象（Cv > 84%）。≤1mm 细根生物量在采伐干扰林分样地 A 比样地 B 增加了 88. 18%，其余各径级细根生物量样地 A 比样地 B 分别减少了 127. 90%、44. 22% 和 355. 19%。样地 B 各径级细根生物量的波动幅度（0~231. 38g · m^{-2}、0~163. 26g · m^{-2}、0~840. 76g · m^{-2} 和 0~62. 64g · m^{-2}）均大于样地 A。相同径级细根生物量在样地 A 和 B 中差异显著（$P<0.05$）。

2.2 林分细根生物量垂直分布特征

研究结果表明，各径级细根生物量在 2 个样地内，细根生物量的垂直分布表现不同特征(图 4-3)。≤1mm 细根生物量在样地 B 各土层(0～10cm、10～20cm 和 20～30cm)所占的比例分别为 75.84%、19.04%、5.12%；样地 A 分别为 68.82%、20.28%、10.91%。1～2mm 细根生物量在样地 B 各土层所占比例分别为 53.54%、32.14%、14.32%；样地 A 分别为 57.79%、26.48%、15.73%。2～5mm 较粗细根生物量在样地 B 各土层所占比例分别为 39.11%、38.77%、22.12%；样地 A 分别为 48.56%、30.02%、21.42%。≤2mm 死亡细根生物量在样地 B 各土层所占比例分别为 60.80%、27.62%、11.58%；样地 A 分别为 54.64%、31.46%、13.90%。总体分析表明，采伐干扰降低了≤1mm 活细根和≤2mm 死亡细根在土壤 0～10cm 土层的含量，增加了其在土壤 10～30cm 土层的分布；而采伐干扰增加了 1～2mm 和 2～5mm 细根生物量在土壤表层(0～10cm)的相对分布。

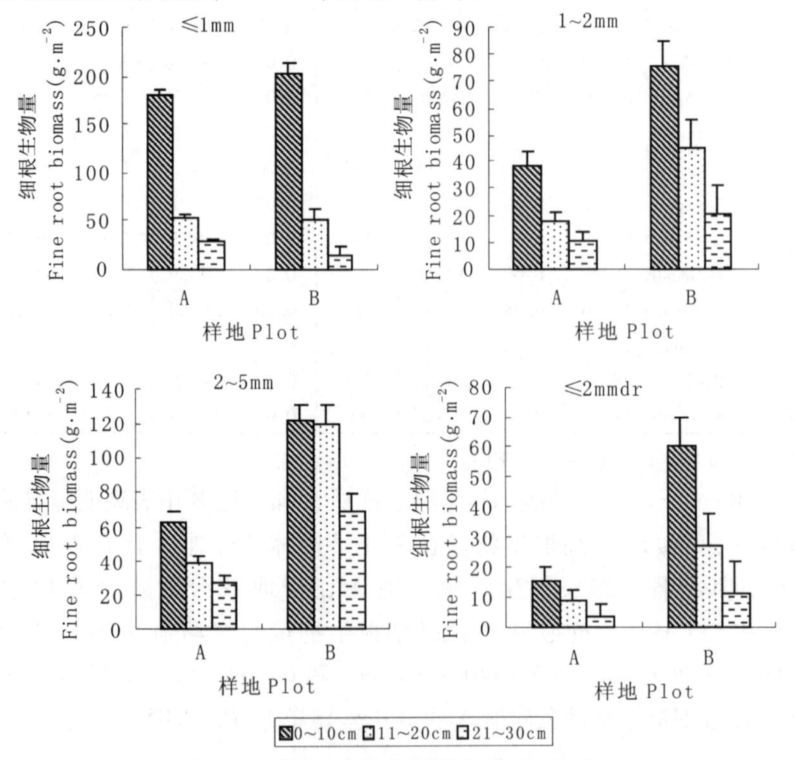

图 4-3 林分细根生物量的垂直分布特征

Fig. 4-3 Depth distribution patterns of fine root biomass in different plots

2.3　林分细根生物量的变异函数分析

使用 $K-S$ 正态性检验方法对所测定根系的检验结果表明，所有径级细根生物量均符合正态分布特征(表4-2)，可以直接进行地统计学分析。

对华北落叶松各径级细根生物量采用间隔步长分别为 0.5m、1.0m、1.5m、2.0m、2.5m、3.0m、3.5m、4.0m、6.0m、8.0m、10.0m、14.0m、18.0m、24.0m、28.0m、32.0m，进行华北落叶松细根生物量的变异函数分析结果表明，不同径级细根生物量的变异值，在最大间隔距离 32.0m 的范围内，样地 A 和样地 B 各径级细根生物量存在空间异质性现象，符合指数模型或球状模型的变化趋势(图4-4)。

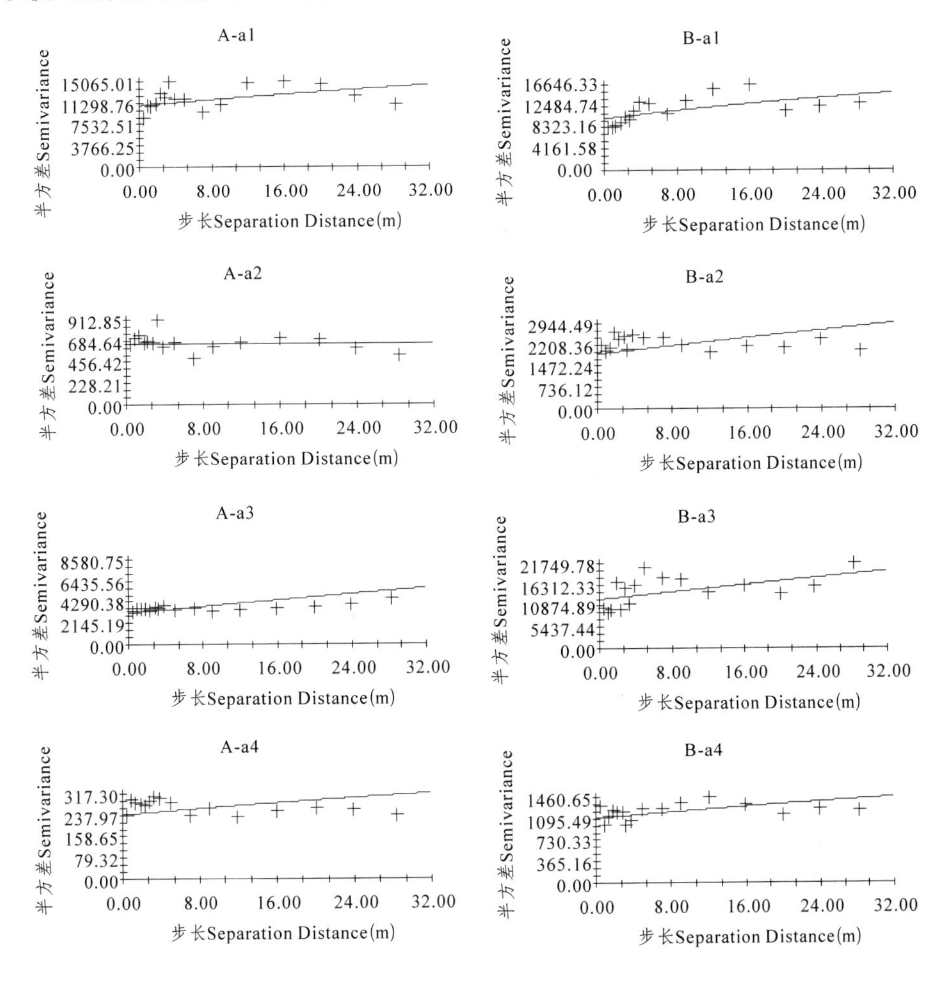

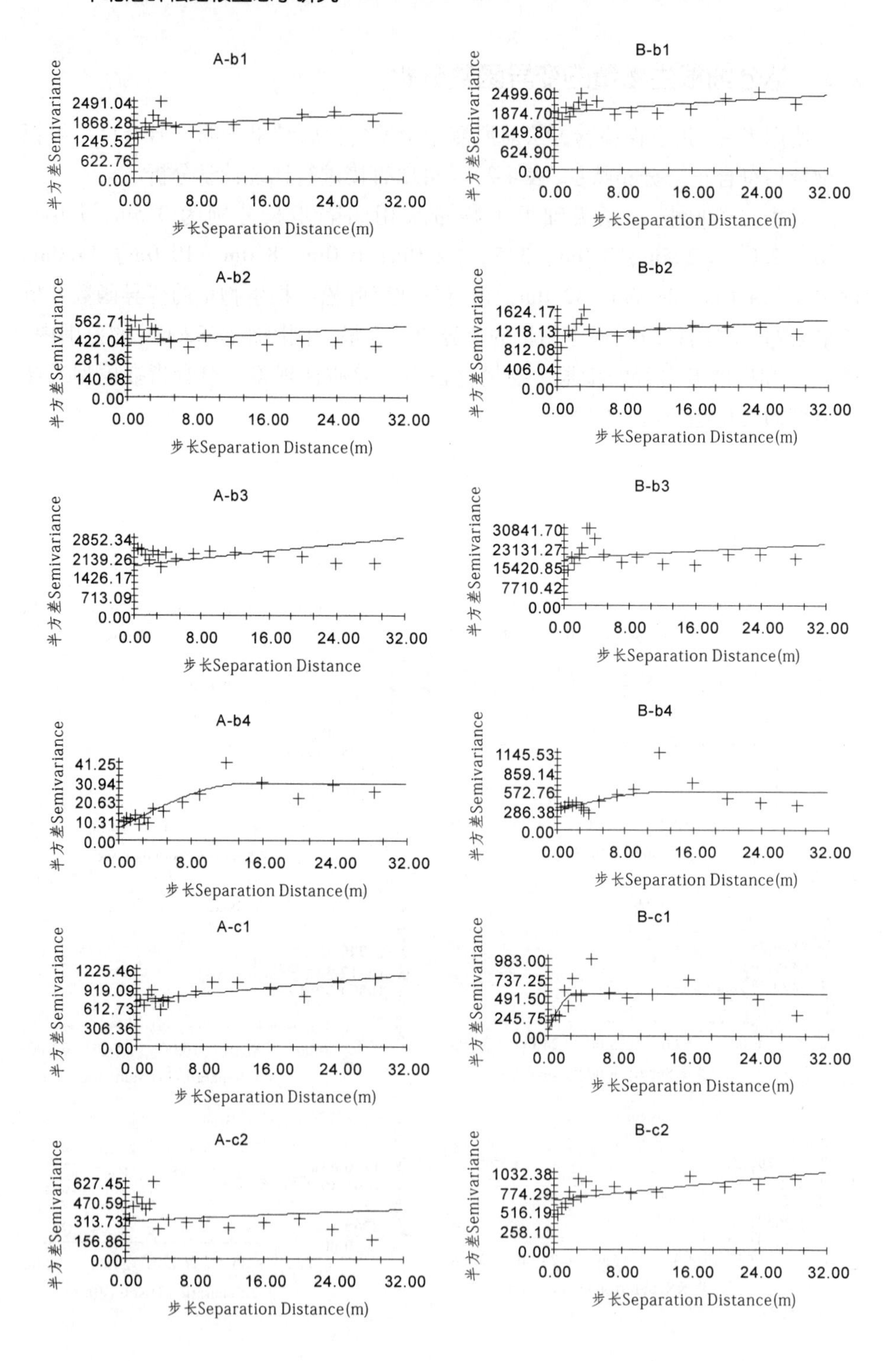

A-b1
B-b1
A-b2
B-b2
A-b3
B-b3
A-b4
B-b4
A-c1
B-c1
A-c2
B-c2
半方差Semivariance
步长Separation Distance(m)
步长Separation Distance

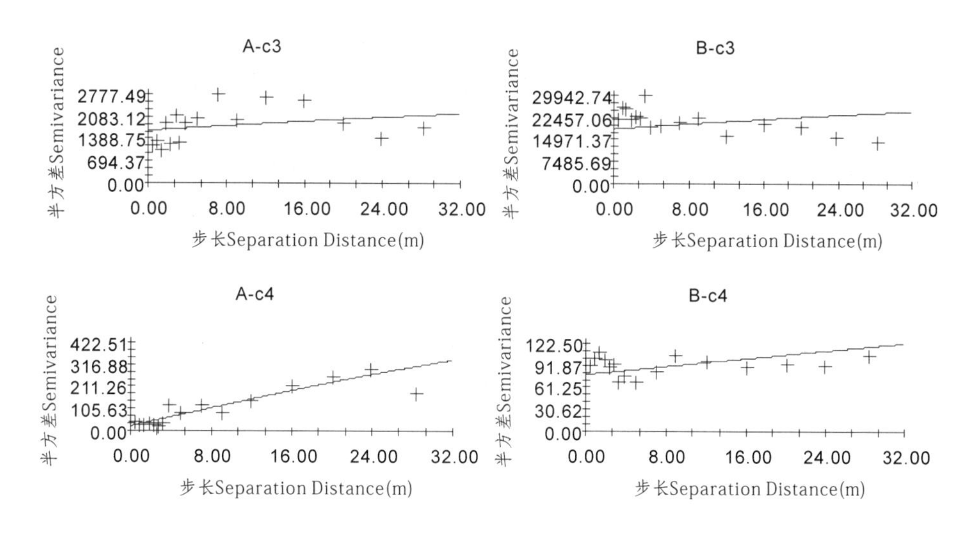

图 4-4　细根生物量的变异函数图

Fig. 4-4　Semivariograms for fine root biomass at 0 ~ 30cm soil depth

注：A、B 分别代表样地 A 和样地 B；a，b，c 分别表示 0 ~ 10cm、10 ~ 20cm、20 ~ 30cm 土层；1、2、3、4 分别表示≤1mm、1 ~ 2mm、2 ~ 5mm 活细根和≤2mm 死亡细根

0 ~ 10cm 土层，≤1mm 细根生物量在样地 A 和样地 B 中均表现出明显的空间变异，异质性强度接近（样地 A，$C_0 + C = 21630.0$；样地 B，$C_0 + C = 20190.0$）。1 ~ 2mm、2 ~ 5mm 活细根≤2mm 死亡细根生物量的基台值，样地 A（1098.1、7649.0、478.5）均小于样地 B（3771.0、25170.0、1959.0），总体看来，未受采伐干扰林分（样地 B）的空间异质性大于采伐干扰林分（样地 A）。样地 B 呈现较明显的空间自相关变异，而样地 A 则表现为随机性变异特征，采伐干扰导致林分≤1mm 细根生物量空间分布发生了改变，使异质性特征更加复杂（分维数 $D = 1.978$）。1 ~ 2mm、2 ~ 5mm 活细根和≤2mm 死亡细根生物量的空间变异相似，均在样地 B 中呈现较强的异质性，而采伐干扰林分样地 A 各径级细根生物量异质性程度降低，分别为样地 B 的 29%、30% 和 24%。

10 ~ 20cm 土层，样地 B 各径级细根生物量均呈现较强的异质性；采伐干扰林分（样地 A），各径级细根生物量异质性程度明显降低，其中≤1mm 细根生物量异质性程度是前者的 88.9%，其他各级根系生物量异质性程度只有前者的 10.6%~36.3%。≤2mm 死亡细根生物量变异特征为，样地 B 表现出中等程度的空间自相关变异（结构方差比 25%~75%）；采伐干扰后，异质性程度极度降低，只有未采伐干扰林分的 5.4%，在较小尺度（< 14.3m）范围表现为明显的空间自相关变异（结构方差比 > 75%）。

20~30cm 土层，样地 B，≤1mm 细根生物量在较小尺度范围(<2.9m)表现出明显的空间自相关变异(结构方差比 =86.1%)，其他径级细根生物量呈现中等的空间自相关变异。受采伐干扰林分(样地 A)，除≤1mm 细根生物量有较强的异质性外，其他径级细根生物量异质性程度明显降低，只有未砍伐林分的 8.9%~45.9%。≤2mm 死亡细根生物量，在样地 B 呈现随机性变异，而受采伐干扰林分(样地 A)呈现明显的空间自相关变异特征。

表 4-3　细根生物量变异函数理论模型参数

Tab. 4-3　Parameters of semivariogram models for fine root biomass at different soil depths

土层 Soil depth	根系径级 Fine root class	样地 Plot	变异模型 Variogram model	块金值 Nugget (C_0)	基台值 Sill (C_0+C)	结构方差比 [$C/(C_0+C)$]	变程 Range (a_0)	分维数 (D)	决定系数 (R^2)	F 检验 F test
0~10cm	≤1mm	A	Exponential	10810.0	21630.0	0.50	81.0	1.978	0.012	1.05
		B	Exponential	10090.0	20190.0	0.50	48.9	1.934	0.363	49.95**
	1~2mm	A	Spherical	549.0	1098.1	0.50	81.0	1.966	0.318	39.94**
		B	Spherical	1885.0	3771.0	0.50	81.0	1.987	0.224	25.30**
	2~5mm	A	Spherical	3160.0	7649.0	0.59	81.0	1.955	0.464	75.88**
		B	Spherical	12580.0	25170.0	0.50	81.0	1.934	0.179	19.11**
	≤2mmdr	A	Exponential	239.2	478.5	0.50	81.0	1.981	0.408	60.07**
		B	Exponential	979.0	1959.0	0.50	81.0	1.956	0.422	11.95**
10~20cm	≤1mm	A	Exponential	1607.0	3215.0	0.50	81.00	1.974	0.078	7.33*
		B	Exponential	1807.0	3615.0	0.50	81.00	1.984	0.046	4.23
	1~2mm	A	Exponential	388.0	776.1	0.50	81.00	1.941	0.615	27.62**
		B	Exponential	1067.0	2135.0	0.50	81.00	1.995	0.038	3.46
	2~5mm	A	Spherical	1826.0	3653.0	0.50	81.00	1975	0.389	14.53**
		B	Spherical	17290.0	34590.0	0.50	81.00	1.990	0.104	10.17**
	≤2mmdr	A	Spherical	6.4	30.2	0.79	14.33	1.827	0.790	27.79**
		B	Spherical	278.4	557.8	0.50	12.20	1.957	0.215	23.32**
20~30cm	≤1mm	A	Spherical	717.0	1436.0	0.50	78.53	1.942	0.645	39.27**
		B	Spherical	74.0	534.1	0.86	2.98	1.968	0.277	13.58**
	1~2mm	A	Exponential	303.7	607.5	0.50	81.00	1.878	0.556	26.77**
		B	Spherical	661.0	1322.1	0.50	81.00	1.940	0.295	21.68**
	2~5mm	A	Exponential	1640.0	3281.0	0.50	81.00	1.933	0.086	8.25*
		B	Exponential	18500.0	37010.0	0.50	81.00	1.929	0.671	32.78**
	≤2mmdr	A	Spherical	23.0	456.9	0.95	60.11	1.671	0.852	41.64**
		B	Spherical	78.4	156.9	0.50	81.00	1.992	0.126	11.41**

3　讨　论

3.1　采伐对细根生物量及其垂直分布的影响

林木细根生物量及空间分布除与生长季节、生长发育阶段、土壤类型和立地条件等有关外，还受树木体内碳源—碳汇分配关系的控制，涉及地上净同化量、根系生长和维持所需的碳水化合物量及根系生长的微环境因子，包括土壤养分、水分、温度、菌根等其他因子(Fogel *et al.*，1979)。以往根系分布的研究主要解决自然环境因素对细根分布造成的影响，人为采伐干扰对林木细根生物量分布的影响有多大，通过干扰什么因子来间接地干扰林分地下生物量，由于试验和分析的难度都很大，目前这方面的研究报道很少(Harris *et al.*，1977；Persson，1983)。Berish 等研究表明在采伐初期细根生物量增加最快，主要与采伐地上灌木和草本迅速生长或林分萌芽有关(Aber *et al.*，1985)。细根生物量通常在林分郁闭后趋于稳定，在贫瘠立地上，细根生物量郁闭后维持较高的生物量；而在良好立地上，细根生物量郁闭后保持较低水平(Fogel *et al.*，1979；Vogt *et al.*，1986)。树木细根的垂直分布与树种、年龄、土壤水分、养分及地下水位等有关，主要是由于土壤资源有效性在空间分布上的差异及外界环境条件的不同所造成的(Hendrick & Pregitzer，1996；Zogg & Zak，1996；李哈滨，1998)。Pregitzer 等认为表层土壤的温度较高是表层细根分布较多的原因(Morgan，2002)；本研究表明，在采伐干扰林分样地中，各经级细根生物量保持较低水平，且采伐干扰降低了≤1mm 细根和≤2mm 死亡细根在土壤 0～10cm 土层的含量，使得细根更多的分布于土壤深层。林分受到采伐干扰后，造成林冠面积的减少，林木地上光合有效面积减少，是造成林木地下根系生物量减少的直接原因；同时林分采伐后，林下环境发生变化，如光辐射增强，林地温度升高，枯枝落叶的快速分解，改变了土壤的理化性质，这些都会影响到细根生物量及其垂直分布。

3.2　采伐对细根生物量空间异质性的影响

地下根系均表现为高度的空间异质性现象，在空间上的表现形式为斑块状态(patchiness)，不是均匀(uniform)或随机(random)分布，在森林生态系统中，根系的斑块分布特征则更加明显(杨丽韫和李文华，2003；Vogt，1986；Farley & Fitter *et al.*，1999)。本研究表明，华北落叶松林细根生物量存在异质性现象，空间自相关程度中等（$C/C_0 + C$ 在 25%~75% 之间），与水曲柳细根的研究结果相一致。已有研究表明采伐干扰对林下土壤水分、温度等有效资源的空间异质性产生影响，细根会通过形态可塑性（在富养斑块上增生）、生理可塑性及菌根等方式对异质性的资源产生响应，根系生物量的空间分布在一定程度上能反映土壤有效资源的异质性特征。本研究采伐干扰导致华北落叶松各径级细根生物量的空间异质性程度降低及随土层深度的增加异质性强度明显降低是细根对土壤异质性的响应。

变异尺度（变程）能直接反应空间自相关范围的大小，孙志虎等对落叶松（*Larix olgensis*）人工纯林表层细根（≤2mm）生物量的地统计学分析表明，在130°40′E，46°21′N 区域，落叶松细根生物量的空间变异尺度随林龄的增长，落叶松纯林表层细根空间变异尺度近似呈直线增长，自相关尺度均属中等以上，40 年生空间变异尺度为 5. 58m；长白山原始阔叶红松林活细根生物量的变程在 5~15m；对水曲柳人工纯林的研究表明，细根生物量空间格局明显，空间变异尺度为 61m；均小于本实验所测样地表层细根生物量的变异尺度（杨丽韫和李文华，2003；Aber *etal*，1985；Zogg & Zak ，1996；Norby，2000）。研究还表明华北落叶松各径级细根生物量在 0~30cm 土层范围内，空间自相关范围各不同，且采伐干扰对细根生物量的空间自相关尺度产生一定的影响，表现为≤1mm 活细根和≤2mm 死亡细根生物量采伐干扰后空间自相关尺度增加。进一步说明，林木细根生物量变异尺度的大小与不同林型、林龄、立地营养条件、干扰、取样方法等均有很大关系。

4 结 论

华北落叶松相同径级细根生物量样地 A 和样地 B 相比差异显著（$P < 0.05$），采伐干扰导致各径级细根生物量均值减少，波动范围变窄。采伐干扰造成各径级细根生物量在垂直方向的相对含量发生变化。

细根生物量各向同性的变异函数分析结果表明，各径级细根生物量在不同林分均符合指数模型或球状模型的变化趋势。各径级细根生物量在未采伐干扰林分（样地 B）内表现强的空间异质性特征，而受采伐干扰样地，细根生物量的空间异质性强度明显降低，随机性变异增强，在土壤表层的空间分布格局变得复杂；空间变异尺度在两个样地中有较大差别。

第5章 华北落叶松林下土壤水分、氮营养的空间异质性

在土壤类型相同的区域内，土壤特性在平面和深度上实际并不完全为均质，除去取样和测定过程中的误差外，还存在着土壤本身的变化，这种土壤属性在空间上的非均一性，称为土壤特性的空间变异性（Huggett，1998）。不论在大尺度上还是小尺度上，土壤的空间异质性均存在，土壤空间异质性是土壤重要的属性之一（王军等，2002）。在不同的尺度上研究土壤的空间异质性，不但对了解土壤的形成过程、结构和功能具有重要的理论意义，而且对了解植物与土壤的关系，如更新过程、养分和水分对根系的影响以及植物的空间格局等也具有重要的参考价值。因此，自20世纪90年代以来，土壤的空间异质性与植被的空间异质性的关系一直是生态学研究的重点问题（Wullschleger *et al.*，2001）。森林土壤空间异质性产生的原因，包括母岩矿物学特性、微地形因素、土壤动物活动、不同的凋落物类型、根吸收及周转，以及与树冠分布有关的现象如雨滴、树干流、干扰因子、林火及森林经营措施的干扰等（孙志虎和王庆成，2007）。以往的研究主要集中在大尺度、耕地和天然林、草场的研究方面（李朝生等，2006；潘颜霞等，2007），人工林和小尺度上的土壤空间异质性研究近年也有少量报道。森林砍伐是影响森林景观最大的人为干扰因子之一，对土壤资源的空间异质性会产生明显的影响（谷加存等，2006）。

由于土壤特性的传统统计分析只能概括土壤特性的全貌，不能反映其局部的变化特征，即只在一定程度上反映样本全体，而不能定量地分析土壤特性的随机性和结构性、独立性和相关性。为了解决这些问题，分析时在进行土壤基本统计学的基础上，再进一步采用地统计方法进行土壤特性空间变异结构的分析和探讨。空间变异性的研究主要是以地统计学中区域化随机变量理论（regionalized variable theory）为基础，以变异函数为基本工具，分析单一区域化变量空间分布的特征和规律。20世纪80年代以来，地统计学方法已经成为分析研究土壤空间变异的最常用的方法（潘成忠和上官周平，2003）。为此，本研究采用地统计学的理论和方法，定量分析华北落叶松林土壤（0～30cm）含水量、pH、全氮、硝态氮和铵态氮的空间异质性，对于深入研究土

壤的空间异质性与根系生物量的变异规律和生长的关系具有重要意义。

1　土壤含水量的空间异质性

土壤水分的空间异质性对生态学的功能和过程具有重要的影响(卢建国等，2006)。土壤水分空间异质性的程度与空间尺度有很大的关系。在大的空间尺度上，土壤含水量受降水和地形因子的影响较大，在小的空间尺度上，主要受土壤特性、微立地条件、植被分布和干扰的影响(王珺等，2008)。近年来，有关土壤水分空间异质性的研究很多，如森林、草地、沙地、农田等，对认识不同植物群落和土地利用方式下的土壤水分格局和动态具有重要的意义(杜志勇等，2007；王军等，2000)。在土壤水分空间异质性的研究中，引入地统计学理论与方法，可以定量得出土壤含水量在空间分布上的变异程度、变化范围、相关程度、科学地描述的随机性和结构性特征，因此被广泛地应用。谷加存等(2005)对天然次生林受到不同采伐干扰后土壤表层(3~5cm)水分的空间异质性和格局做了研究，考虑到林分组成差异，气候环境的差异，以及干扰除对土壤表层含水量空间异质性存在较大的影响外，对土壤下层含水量空间异质性的影响大小如何有关的研究很少(谷加存等，2005)。为此，在本实验研究中选取华北落叶松林作为研究对象，研究土壤含水量在不同土层深度空间异质性的反应，对研究土壤含水量在不同生境条件下空间格局分布特征做有益的补充。

1.1　研究方法

取样方法及林分基本概况见第4章。

土壤含水量的测定，采用烘干法进行。采样时选择在雨后至少4~5天的晴天进行采样。为了减少误差，一方面取样样品的重量都为25g左右，另一方面要去除掉样品中明显的枯枝和根段，第三，对取回的新鲜土壤要及时进行测定，最好在取样的当天进行测定。

用SPSS for windows 12.0统计软件进行土壤含水量的平均数、标准差、变异系数的分析，用单因素方差分析检验不同样地同一土层和同一样地不同土层土壤含水量的差异。

异常值的识别和处理、地统计学分析方法见第4章。

1.2 土壤含水量的空间变异

1.2.1 土壤含水量测定结果的统计特征值

在建立变异函数理论模型之前，对土壤含水量数据的统计学特征应有一个初步的了解，对179个样点的土壤含水量数据进行传统统计学分析，其结果见表5-1。

表5-1 土壤含水量的统计参数

Tab. 5-1 Statistics of soil moisture in the research area

样地 Plot	土层深度 Soil depth (cm)	平均数 Mean	中位数 Median	标准差 Std. deviation	方差 Variance	变异系数 Cv(%)	最小值 Min	最大值 Max	偏度 Skewness	峰度 Kurtosis	K-S值 K-S value
A	0~10	16.54	16.40	3.04	9.28	18	10.68	24.07	0.33	-0.38	0.18
	10~20	12.38	12.24	2.38	5.65	19	7.55	18.22	0.37	-0.57	0.18
	20~30	12.87	12.85	2.08	4.31	16	7.69	16.77	-0.30	-0.35	0.21
B	0~10	16.43	16.26	3.13	9.81	19	10.04	22.91	0.12	-0.53	0.20
	10~20	14.44	14.09	3.04	9.22	21	8.61	23.49	0.39	0.27	0.14
	20~30	14.12	14.39	2.58	6.67	18	8.16	20.08	-0.07	-0.57	0.24

由野外实测样本的经典统计学分析所得土壤含水量的统计特征值可见，在不考虑空间位置和取样间隔的情况下，砍伐干扰林分(样地A)和未砍伐干扰林分(样地B)土壤含水量均具有中等程度的变异性，存在异质性现象(表5-1)。统计结果表明，土壤含水量在样地A和样地B有一定差异。样地A土壤含水量(0~30cm)的均值为13.93%，样地B土壤含水量的均值为15.00%，样地B>样地A，可能是样地B完整的林分垂直结构及植物根系穿插形成的良好土壤结构有利于保持土壤水分的原因。方差分析结果表明，不同土层样地A与样地B比较差异不显著($P>0.05$)，同一样地土壤上层、中层、下层差异显著($P<0.05$)。0~10cm土层，样地A土壤含水量的波动范围为10.68%~24.07%之间，样地B波动范围为10.04%~22.91%，样地A>样地B。10~20cm土层，样地A波动范围为7.55%~18.22%，样地B波动范围为8.61%~23.49%，样地A<样地B。20~30cm土层，样地A波动范围为7.69%~16.77%，样地B波动范围为8.16%~20.08%，样地A<样地B。从变异系数看，各土层样地A的变异系数均小于样地B，样地A变异系数各土层由上到下依次为18%、19%和16%；样地B依次为19%、21%和18%。未受砍伐干扰的林分(样地B)在土壤不同层次都表现为比砍伐干扰林分样地A较高的变

异性。这与谷加存等研究的结论相同，他的研究发现在3~5cm的土壤表层含水量未砍伐干扰样地与采伐50%样地和皆伐样地相比，具有较高的样本方差和变异系数(王珺等，2008)。另有研究也表明，在人为干扰下的子午岭次生林中，土壤水分的变异表现为未砍伐 > 砍伐不开垦 > 砍伐开垦(周正朝等，2004)，与本试验结果一致。

频数分布图是根据频数分布表来绘制的能直观地表示样本数据的频数分布情况，其中样本的大小与组数有一定的关系。本实验的样本数为179个，最佳组数在10~20个，以此本试验数据分析划分为14个组数(以下频数分布分析相同)。

由频数分布和相对频数分布得知(图5-1)，0~10cm土层，样地A 179个土壤样品含水量的组距为1.03%，由频数分布和相对频数分布得知，将近85%样方中土壤表层含水量在11.19%~21.52%之间；样地B 178个土壤样品含水量组距为0.99%，将近78%样方中土壤含水量在13.50%~17.50%之间。10~20cm土层，样地A 177个土壤样品含水量的组距为0.82%，将近84%样方中土壤含水量在8.78%~15.35%之间；样地B176个土壤样品含水量组距为0.76%，将近85%样方中土壤含水量在10.83%~17.63%之间。20~30cm土层，样地A 174个土壤样品含水量的组距为0.70%，将近81%样方中土壤含水量在10.13%~15.72%之间；样地B 171个土壤样品含水量组距为0.92%，将近89%样方中土壤含水量在10.45%~17.79%之间。

使用$K-S$正态性检验方法对不同土层土壤含水量的检验结果表明，所有所测土壤含水量值均符合正态分布特征(表5-1)，可以直接进行地统计学分析。

1.2.2 土壤含水量的变异函数分析

对不同土层土壤含水量进行各向同性的变异函数分析结果表明，土壤含水量变化在不同样地和不同土层表现不同的变化趋势(图5-2)。土壤含水量在砍伐干扰林分(样地A)和未砍伐干扰林分(样地B)中均符合球状模型的变化趋势。

理论模型拟合结果表明(表5-2)，土壤含水量在砍伐干扰林分(样地A)和未砍伐干扰林分(样地B)变异函数值随间隔距离的变化都能很好地拟合理论模型($R^2=0.638\sim0.946$)，F检验理论模型拟合效果均达到极显著水平($P<0.01$)。

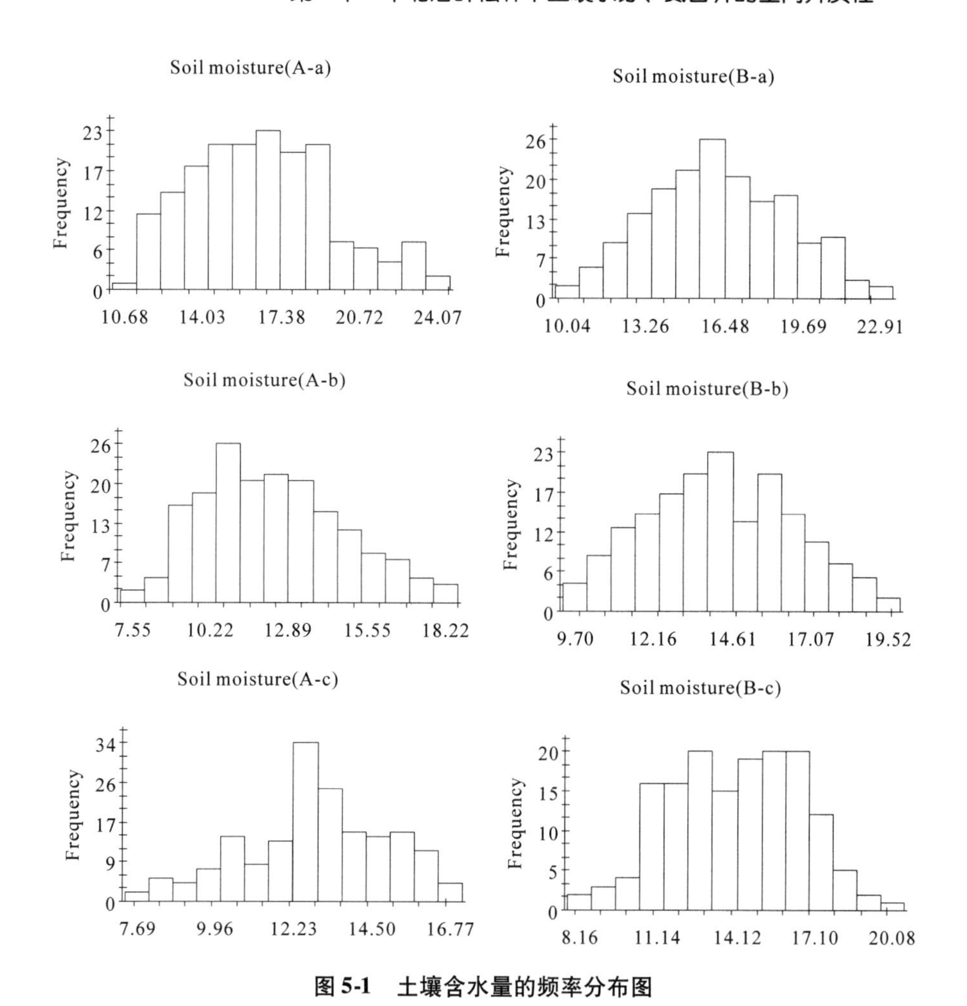

图 5-1　土壤含水量的频率分布图

Fig. 5-1　Frequency histograms of soil moisture

注：A－a 表示样地 A 土壤表层；A－b 表示样地 A 土壤中层；A－c 表示样地 A 土壤下层；B－a 表示样地 B 土壤表层；B－b 表示样地 B 土壤中层；B－c 表示样地 B 土壤下层(以下相同)

基台值 $C_0 + C$ 表示区域化变量的最大变异，基台值越大，总的空间异质性程度越高。砍伐干扰林分(样地 A)和未砍伐干扰林分(样地 B)在不同土层基台值的变化各异，0～10cm 土层，基台值样地 A(10.39) < 样地 B(12.12)；10～20cm 土层，基台值样地 A(6.82) > 样地 B(6.33)；20～30cm 土层基台值样地 A(9.84) > 样地 B(8.31)。土壤含水量的空间变异表现为明显的垂直分布特征，样地 A 和样地 B 均表现为土壤表层 > 下层 > 中层，表明土壤含水量在 0～10cm 土层呈现较强的空间异质性。

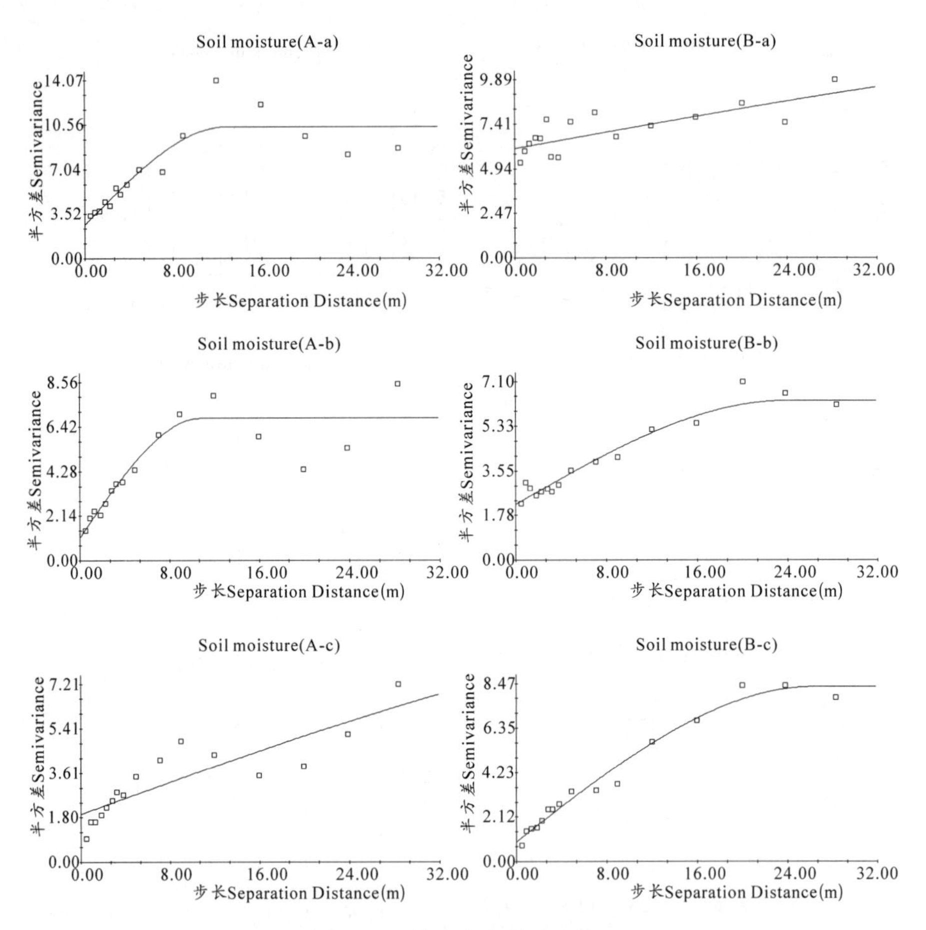

图 5-2　土壤含水量变异函数图

Fig. 5-2　Semivariograms for soil moisture

表 5-2　土壤含水量变异函数理论模型参数

Tab. 5-2　Parameters of semivariogram for soil moisture（0～30cm）

样地 Plot	土层深度 Soil depth (cm)	变异模型 Variogram model	块金值 (C_0)	基台值 (C_0+C)	空间结构比 $[C/(C_0+C)]$	变程 Range (m)	分维数 (D)	决定系数 (R^2)	残差平方和 (RSS)	F 检验 F test
A	0～10	Spherical	2. 66	10. 39	0. 744	12. 94	1. 843	0. 825	28. 4	408. 55 **
	10～20	Spherical	1. 09	6. 82	0. 840	10. 84	1. 803	0. 809	16. 4	367. 09 **
	20～30	Spherical	1. 94	9. 84	0. 803	72. 93	1. 795	0. 812	9. 63	361. 30 **
B	0～10	Spherical	6. 06	12. 12	0. 500	81. 00	1. 944	0. 638	9. 39	149. 19 **
	10～20	Spherical	2. 21	6. 33	0. 651	23. 83	1. 862	0. 946	2. 21	146. 58 **
	20～30	Spherical	0. 93	8. 31	0. 888	26. 32	1. 715	0. 888	2. 27	607. 7 **

注：＊＊表示极显著差异。

从空间结构比 $C/(C_0+C)$ 来看，结构性因素在土壤水分含量的空间异质性形成中占有较大的比重，空间自相关尺度在不同林分样地和不同土层变异较大。0~10cm 土层，砍伐干扰的林分(样地 A)在 0.5~12.94m 尺度上表现中等强度的空间自相关性，由空间自相关引起的空间异质性占总空间异质性的 74.4%，由随机因素引起的空间异质性占总空间异质性的 25.6%；未砍伐干扰林分(样地 B)在 0.5~81.0m 尺度上表现中等强度的空间自相关性，由空间自相关引起的空间异质性占总空间异质性的 50.%，由随机因素引起的空间异质性占总空间异质性的 50%。

10~20cm 土层，砍伐干扰林分(样地 A)在 0.5~10.84m 尺度上表现强的空间自相关性，由空间自相关引起的空间异质性占总空间异质性的 84.0%，由随机因素引起的空间异质性占总空间异质性的 16.0%；未砍伐干扰的林分(样地 B)在 0.5~23.83m 尺度上表现中等强度的空间自相关性，由空间自相关引起的空间异质性占总空间异质性的 65.1%，由随机因素引起的空间异质性占总空间异质性的 34.9%。

20~30cm 土层，砍伐干扰的林分(样地)A 在 0.5~72.93m 尺度上表现强的空间自相关性，由空间自相关引起的空间异质性占总空间异质性的 80.3%，由随机因素引起的空间异质性占总空间异质性的 19.7%；未砍伐干扰林分(样地 B)在 0.5~26.32m 上表现较强的空间自相关性，由空间自相关引起的空间异质性占总空间异质性的 88.8%，由随机因素引起的空间异质性占总空间异质性的 11.2%。

在变异函数分析的基础上，对土壤含水量进行各向同性的分维数(D)计算。结果表明，样地 A 和样地 B 土壤含水量具有很好的分形特征，存在尺度依赖。砍伐干扰林分(样地 A)，土壤含水量的分维数值由大到小依次为表层(1.843) > 中层(1.803) > 下层(1.795)；未砍伐干扰林分(样地 B)分维数值由大到小依次为表层(1.944) > 中层(1.862) > 下层(1.715)。不同林分均表现为随土壤深度增加，分维数值减少的趋势。未砍伐干扰林分(样地 B)土壤含水量分维数值高，表明空间分布格局的复杂程度大；而砍伐干扰林分(样地 A)土壤含水量分维数低，空间分布格局较为简单。

砍伐干扰对土壤表层含水量空间异质性产生影响，导致土壤空间分布格局改变。依据各向同性的变异函数理论模型进行空间局部插值估计，绘制出土壤含水量的空间分布格局图(图 5-3)。砍伐干扰林分(样地 A)和未砍伐干扰林分(样地 B) 均具有斑块分布的特征，土壤水分含量的梯度分布特征均较为明显。

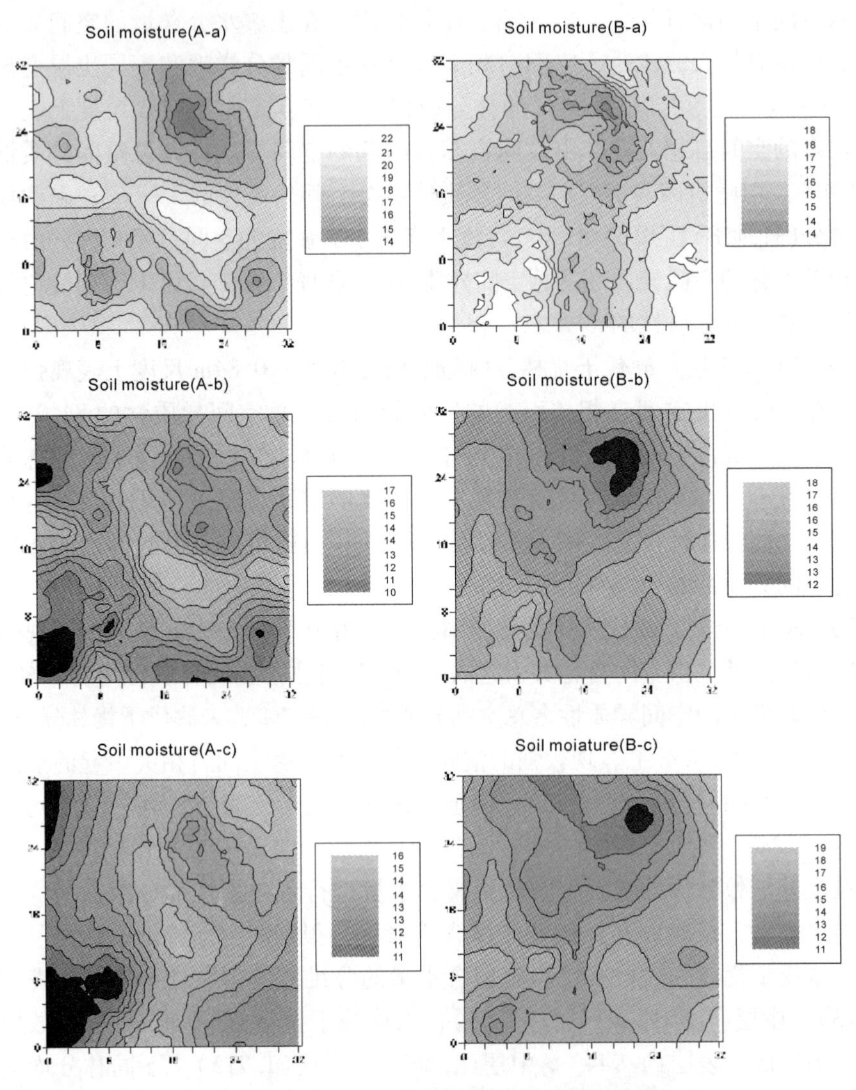

图 5-3　土壤含水量空间分布的克立格图

Fig. 5-3　Kriging map of soil moisture

1.3　讨　论

1.3.1　不同林分土壤水分平均状况的差异

砍伐干扰改变了林分内植被原有的水平和垂直方向的结构，影响到生态因子的重新分配，导致土壤水分平均含量的改变(谷加存等，2005)。砍伐干扰林分样地 A 土壤水分平均含量较低(13.93%)，由于林木的砍伐，失去了原有的荫蔽环境，太阳净辐射增强、地表温度升高，水分蒸发加强，导致土壤水分含量的降低。不同土层土壤水分含量的变异系数表现为样地 A < 样地 B，这个研究结果与谷加存等(2005)的研究结果相一致，而与 Guo 等(2002)的研究结果相反。这与研究林地原有的植被的复杂程度和异质性有很大关系，原来空间异质性低的林分，在受到干扰后打破了原有的同质的林分环境，所以干扰后异质性程度加强；而原来空间异质性强的林分，林下灌木和草本植物丰富且分布不均匀，在受到干扰后，导致林分植被的不均匀程度降低，不同位置上土壤水分含量的差异性减少。本文的实验支持后一种说法。

一般研究认为土壤含水量随土壤深度的增加而增加，且随着深度的增加土壤含水量的变化幅度减少(王珺等，2008)。本实验结果为未砍伐干扰林分(样地 B)土壤含水量的垂直变化表现为上层 > 中层 > 下层，与一般结论一致，但变化幅度表现为中层 > 上层 > 下层；砍伐干扰林分(样地 A)垂直变化表现为上层 > 下层 > 中层，但变化幅度的表现与一般结论一致，为上层 > 中层 > 下层。这些土壤含水量在垂直分布上表现的差异与地表蒸发及遮阴造成的不均衡性及地下根系分布的空间异质性有很大的关系。

1.3.2 不同林分土壤水分的空间异质性差异

砍伐干扰对土壤水分空间异质性影响研究很多，砍伐干扰会降低还是会增加土壤水分的空间异质性，不同的学者研究的结论并不统一，有的研究表明砍伐干扰增加了土壤水分的空间异质性强度(Guo *et al.*, 2002)，而有的研究则表明砍伐干扰降低了土壤水分的空间异质性强度。林分的砍伐干扰主要是通过改变林分结构和覆盖物的分布而影响林分的空间异质性，在群落尺度上，干扰常导致某些生态系统空间异质性程度降低(Alder & Lauenroth, 2000)。本实验结果表明，土壤表层含水量砍伐干扰林分(样地 A)空间异质性降低，但土壤中层和下层，砍伐干扰林分(样地 A)空间异质性比未砍伐干扰林分(样地 B)空间异质性强。分析其原因，可能是因为局部区域的地形和坡向等因子造成的，也可能是砍伐干扰林分样地 A 没有干扰前系统的空间异质性程度很高，受到砍伐干扰后，土壤表层地被覆盖和土壤的光照水分等环境因子不均匀程度降低，不同空间位置上表层含水量差异性变小，导致土壤表层的空间异质性降低。

有关土壤水分是否存在空间自相关性的研究也很多，但研究结论的分歧很多，有些研究认为土壤水分不存在或存在微弱的空间自相关，而有些认为存在明显的空间自相关(毕华兴等，2006)。本试验结果表明，砍伐干扰对土壤水分的空间自相关性尺度有较大的影响，在不同林分样地，土壤水分空间变异尺度在土壤的不同层次表现不同规律，在土壤表层和中层，土壤水分含量的空间自相关尺度范围砍伐干扰林分(样地 A)小于未砍伐干扰林分(样地 B)。分析其原因可能与林分内树木的分布、林下植被的种类、盖度和空间分布等因素有关。

从空间结构比的垂直分异来看，砍伐干扰林分(样地 A)和未砍伐干扰林分(样地 B)均表现为随着土层深度的增加，结构比增大的趋势，空间的自相关程度土壤上层低于下层。毕华兴等(2006)有关晋西黄土区土壤水分空间异质性研究表明，在 0~30cm 土层水分含量的空间结构比大于 30~60cm 的土壤水分空间结构比，土壤表层水分的空间自相关程度要强于土壤下层。试验结论的差异，可能是因为取样深度以及研究对象的不同所造成的。

1.4 结 论

(1)砍伐干扰林分(样地 A)和未砍伐干扰林分(样地 B)土壤含水量的经典统计分析结果研究表明，样地 B 土壤含水量(0~30cm)均值为 15%，林分受砍伐干扰后含水量下降(样地 A 均值为 13.93%)。不同林分样地同一土层比较，土壤含水量的差异不显著($P>0.05$)。未砍伐干扰林分(样地 B)不同土层均表现较高的变异。

(2)砍伐干扰林分(样地 A)和未砍伐干扰林分(样地 B)土壤含水量的变异函数分析表明，土壤含水量均符合球状模型的变化趋势，模型拟合效果均达到极显著水平($R^2=0.638\sim0.946$)。

0~10cm 土层，未受砍伐干扰林分(样地 B)土壤含水量呈现较强的异质性($C_0+C=12.12$)，空间变异特征较复杂(分维数 $D=1.944$)；砍伐干扰林分(样地 A)土壤含水量异质性程度降低($C_0+C=10.39$)，主要在较小尺度(0.5~12.9m)上表现出空间自相关变异。

10~20cm 土层，未砍伐干扰林分(样地 B)和砍伐干扰林分(样地 A)异质性程度接近，样地 B 在 0.5~23.8m 尺度上表现中等程度的空间自相关变异，而样地 A 在更小尺度(0.5m－10.84m)上表现明显的空间自相关变异。

20~30cm 土层，未砍伐干扰林分(样地 B)和砍伐干扰林分(样地 A)空间异质性程度接近，均表现出明显的空间自相关变异。

总体上看，本研究的华北落叶松林，未砍伐干扰林分，土壤含水量具有较明显的空间异质性特征。受砍伐干扰后，林分土壤含水量降低，异质性程度也降低，主要呈现较小尺度的空间变异。

2　土壤 pH 值的空间异质性

2.1　研究方法

取样方法及林分基本概况见第4章。

利用电位法测定风干土样的 pH 值，方法是称取风干土样 10g，加入 20ml 蒸馏水，充分搅拌，静止 5min 后测定，每个土样测三个重复，仪器采用全自动 pH 计。

用 SPSS for windows 12.0 统计软件进行土壤 pH 的平均数、标准差、变异系数的分析，用单因素方差分析检验不同样地同一土层和同一样地不同土层土壤 pH 的差异。

异常值的识别和处理、地统计学分析方法见第4章。

2.2　土壤 pH 值的空间变异

2.2.1　土壤 pH 值测定结果的统计特征值

由野外实测样本的经典统计学分析所得土壤 pH 值的统计特征值可见，在不考虑空间位置和取样间隔的情况下，砍伐干扰林分(样地 A)和未砍伐干扰林分(样地 B)土壤 pH 值的变异性很小(表 5-3)。统计结果表明，土壤 pH 值在样地 A 和样地 B 有一定差异。样地 A 土壤(0～30cm)pH 值的均值为 6.86，样地 B 土壤 pH 的均值为 6.69，样地 A > 样地 B。方差分析结果表明，样地 A 不同土层差异不显著($P > 0.05$)，表明土壤 pH 值垂直分布上的差异不明显；样地 B 不同土层间差异显著($P < 0.05$)，表现为随着土层深度增加 pH 值也增加。在3个土层中，样地 A 土壤 pH 值的波动范围均小于样地 B 的波动范围，样地 A 波动范围由上到下依次为 6.60～7.12、6.58～7.09、6.61～7.08；样地 B 波动范围由上到下依次为 5.41～7.30、6.18～7.26、6.30～7.16。从变异系数看，在3个土层中，未砍伐干扰林分(样地 B)土壤 pH 值在不同土层都表现为比砍伐干扰样地(样地 A)较高的变异性，样地 A 变异系数由上到下依次为 1.5、1.4 和 1.4，样地 B 依次为 4.4、2.9 和 2.5。样地 A 土壤 pH 值垂直分布上的变异系数差别不明显，样地 B 土壤 pH 值的变异系数随着土层深度的增加而减小，说明随土层深度的增加土壤 pH 值变异性降低。

表 5-3　土壤 pH 值的统计参数

Tab. 5-3　Statistics of soil pH in the research area

样地 Plot	土层深度 Soil depth	平均数 Mean	中位数 Median	标准差 Std. deviation	方差 Variance	变异系数 Cv(%)	最小值 Min	最大值 Max	偏度 Skewness	峰度 Kurtosis	K－S 值 K－S value
A	0～10	6.86	6.89	0.107	0.011	1.5	6.60	7.12	－0.324	－0.352	4.42
	10～20	6.85	6.87	0.096	0.009	1.4	6.58	7.09	－0.526	0.159	7.34
	20～30	6.87	6.86	0.100	0.010	1.4	6.61	7.08	－0.084	－0.561	8.75
B	0～10	6.60	6.57	0.292	0.085	4.4	5.41	7.30	－0.981	2.510	1.91
	10～20	6.71	6.71	0.193	0.037	2.9	6.18	7.26	0.161	0.338	2.57
	20～30	6.78	6.78	0.157	0.025	2.5	6.30	7.16	－0.476	0.609	2.93

由频数分布和相对频数分布得知(图 5-4)，0～10cm 土层，样地 A 华北落叶松林 179 个土壤样品 pH 值的组距为 0.04，将近 70% 样方中土壤 pH 值在

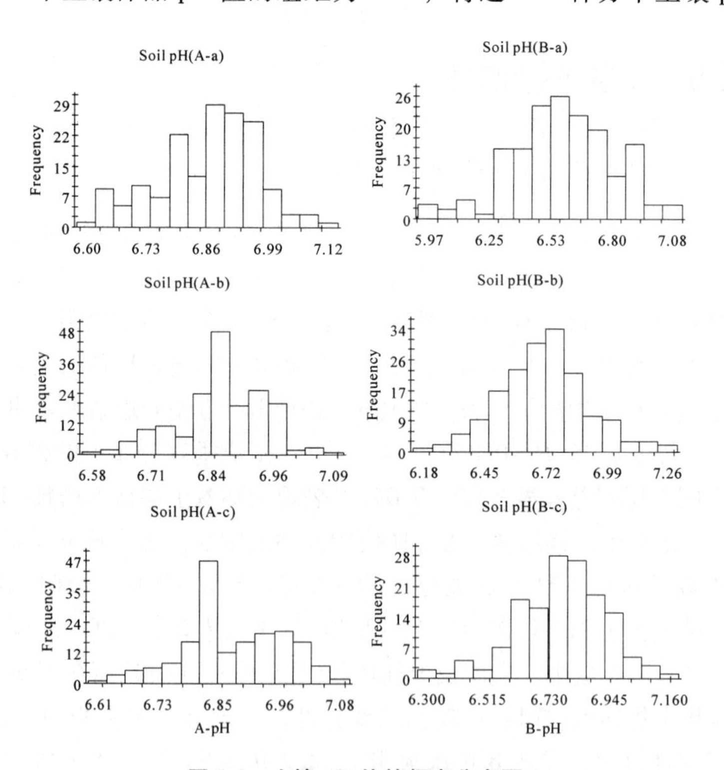

图 5-4　土壤 pH 值的频率分布图

Fig. 5-4　Frequency histograms of soil pH

6.78～6.98之间；样地B 178个土壤样品pH值组距为0.09，将近75%样方中土壤pH值在6.27～6.78之间。10～20cm土层，样地A 177个土壤样品pH值的组距为0.04，将近76%样方中土壤pH值在6.80～6.99之间；样地B 176个土壤样品pH值组距为0.09，将近74%样方中土壤pH值在6.46～6.88%之间。20～30cm土层样地A 174个土壤样品pH值的组距为0.04，将近64%样方中土壤pH值在6.80～6.99之间；样地B 171个土壤样品pH值组距为0.07，将近73%样方中土壤pH值在6.60～6.93之间。

使用$K-S$正态性检验方法对不同土层土壤pH值的检验结果表明，所有所测土壤pH值均符合正态分布特征(表4-3)，可以直接进行地统计学分析。

2.2.2　土壤pH值的变异函数分析

对不同土层土壤pH值进行各向同性的变异函数分析结果表明，土壤pH值变化在不同样地和不同土层表现不同的变化趋势(图5-5)。土壤pH值在砍伐干扰林分(样地A)0～10cm土层和20～30m土层符合直线模型的变化趋势，样地A中20～30cm土层和未受砍伐干扰林分(样地B)各土层中均符合球状模型的变化趋势。

理论模型拟合结果表明(表5-4)，除样地A中0～10cm土层理论模型拟合效果不显著外，($P>0.05$)样地A其余土层及样地B各土层土壤pH值都能很好地拟合理论模型($R^2=0.101-0.876$)，F检验结果表明，均达到极显著水平($P<0.01$)。

砍伐干扰林分(样地A)0～10cm土层和10～20cm土层pH值符合直线模型的变化趋势表明空间变异主要由小于抽样尺度(0.5m)的内部变异和取样分析的误差造成。

砍伐干扰林分(样地A)和未砍伐干扰林分(样地B)在不同土层基台值的变化不同，0～10cm土层，基台值样地A(0.010)<样地B(0.081)；11～20cm土层基台值样地A(0.009)<样地B(0.058)；20～30cm土层基台值样地A(0.016)<样地B(0.026)，各土层样地B的基台值均大于样地A，表明林分受到砍伐干扰后空间异质性程度降低。样地B土壤pH值的空间变异表现为明显的垂直分布特征，即随着土层深度的增加土壤pH值的空间异质性减低；而样地A表现为下层的空间异质性大于上层。

从空间结构比$C/(C_0+C)$来看，样地A土壤0～10cm土层和10～20cm土层空间结构比为0，说明其空间变异是由取样的误差或人为干扰的影响造成的。样地A中20～30cm土层和样地B各土层空间结构比在50%～69.8%之

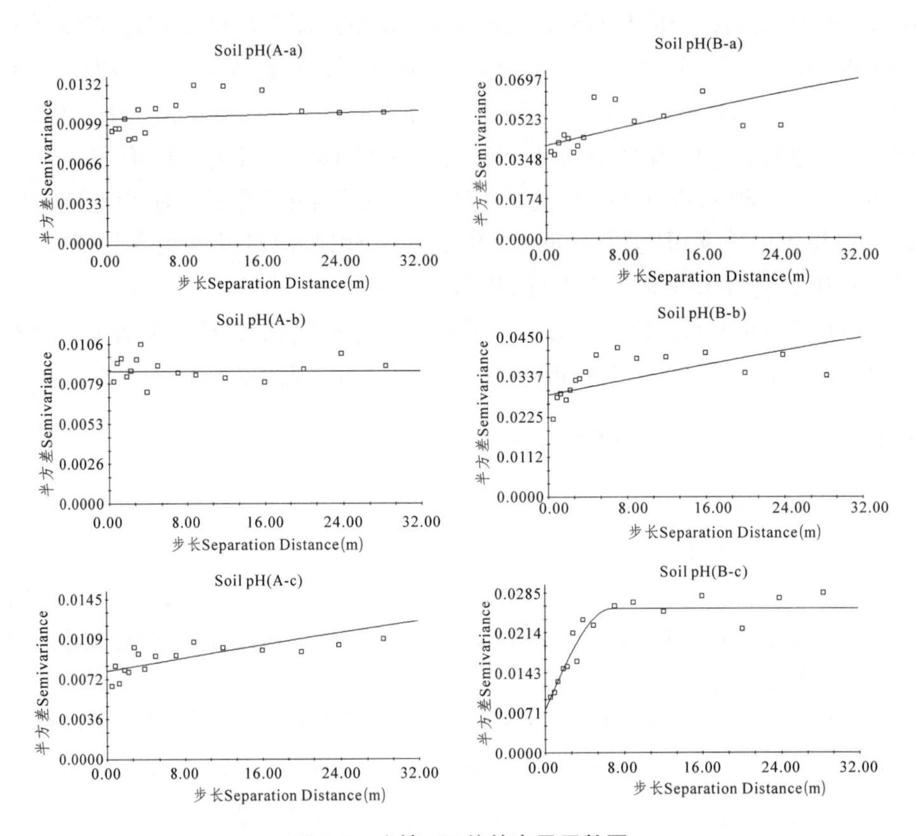

图 5-5　土壤 pH 值的变异函数图

Fig. 5-5　Semivariograms for soil pH

间，系统表现中等程度的空间自相关性。各土层样地 B 的空间自相关程度均大于样地 A。从土壤垂直方向看，土壤 pH 值在土壤下层的空间自相关性大于土壤上层。

砍伐干扰林分(样地 A)土壤 pH 值 20 ~ 30cm 土层空间自相关的变程为 81.0m；未砍伐干扰林分（样地 B）在 0 ~ 30cm 中空间自相关范围 6.78 ~ 81.00m。

在变异函数分析的基础上，对土壤 pH 值进行各向同性的分维数(D)计算(表 5-4)。结果表明，各土层，样地 A 的分维数值均大于样地 B，表明砍伐干扰林分样地 A 空间异质性的复杂程度增加。从土壤 pH 值分维数值的垂直分异上看，样地 A 和样地 B 均表现为中层 > 表层 > 下层。

表5-4 土壤pH值变异函数理论模型参数

Tab. 5-4 Parameters of semivariogram for soil pH(0~30cm)

样地 Plot	土层深度 Soil depth (cm)	变异模型 Variogram model	块金值 (C_0)	基台值 (C_0+C)	空间结构比 [$C/(C_0+C)$]	变程 Range (m)	分维数 (D)	决定系数 (R^2)	残差平方和 (RSS)	F检验 F test
A	0~10	Linear	0.010	0.010	0.000	33.60	1.977	0.021	3.660E-05	1.73
	10~20	Linear	0.009	0.009	0.000	33.60	1.990	0.090	1.482E-05	8.678*
	20~30	Spherical	0.008	0.016	0.500	81.00	1.939	0.656	1.800E-05	167.17**
B	0~10	Spherical	0.041	0.081	0.500	61.00	1.944	0.269	9.026E-04	29.30**
	10~20	Spherical	0.029	0.058	0.500	81.00	1.953	0.101	6.674E-04	9.40**
	20~30	Spherical	0.008	0.026	0.698	6.78	1.883	0.876	7.776E-05	516.68**

注：*表示显著差异；**表示极显著差异。

砍伐干扰对土壤pH值空间异质性产生影响，导致土壤pH值空间分布格局改变。依据各向同性的变异函数理论模型进行空间局部插值(kriging)估计，绘制出土壤pH值的空间分布格局图(图5-6)。

2.3 讨 论

2.3.1 不同林分土壤pH值平均状况的差异

砍伐干扰林分(样地A)土壤pH值(0~30cm)较高(6.86)，未砍伐干扰林分(样地B)土壤pH值较低(6.69)，可能是样地B中有机物质的分解和植物根系、微生物的呼吸作用较强产生大量的CO_2，CO_2溶于水后形成H_2CO_3，解离形成大量的H^+而造成土壤pH值偏低。不同土层土壤pH值的变异系数表现为受砍伐干扰林分(样地A)小于未砍伐干扰林分(样地B)，这个研究结果与土壤含水量的结果一致，干扰促使样地内的植被等因子的同质性增强，进而减小了变异。

2.3.2 不同林分土壤pH值的空间异质性差异

已有研究表明，土壤pH值的空间异质性可能与土壤养分存在状态和有效性、土壤微生物活动以及植被的组成和分布的空间格局有密切的联系(Hutchinson *et al.*, 1999)，其中植被的种类和分布情况可能是造成土壤pH值变异的重要因素之一。土壤pH值与土壤有效资源斑块格局有密切的联系，由此可能对地上和地下植被的生长及幼苗更新有重要的影响作用。本研究结果表明，受砍伐干扰的影响，土壤pH值的空间异质性减弱，且空间自相关程度降低，土壤pH值受人为干扰因素的影响变化很大。由于砍伐干扰引起林分

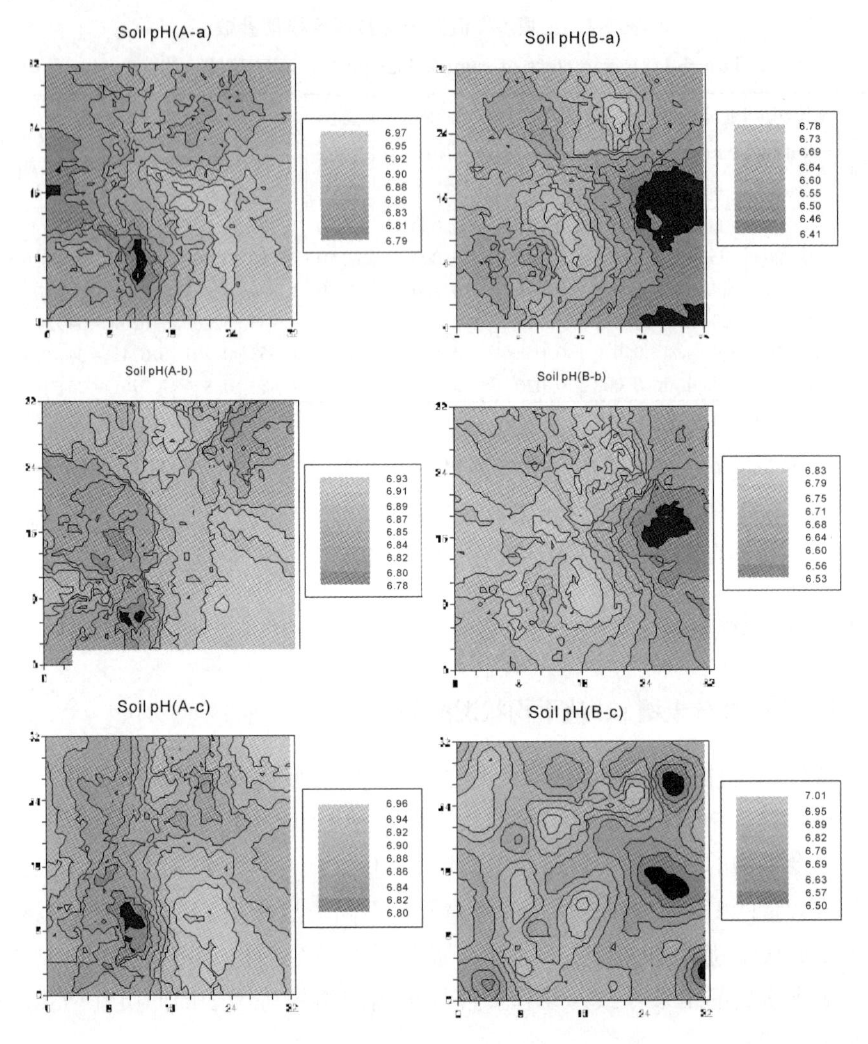

图 5-6　土壤 pH 值空间分布的克立格图

Fig. 5-6　Kriging map for soil pH

光、热环境很大变化，林下植被会发生相应的变化，更有利于一些阳性植被的恢复和生长，导致林分土壤 pH 值因植被的变化而发生变化。

2.4　结　论

(1)未砍伐干扰林分(样地 B)土壤(0～30cm)pH 均值为 6.69，林分受砍伐干扰后土壤 pH 值有一定程度升高，但变化不大(样地 A 均值为 6.86)。不同土层土壤 pH 值的变异表现为，未砍伐干扰林分(样地 B)表现较高的变异。

（2）未砍伐干扰林分（样地 B）和砍伐干扰林分（样地 A）土壤 pH 值的变异函数分析表明，土壤 pH 值符合直线模型或球状模型的变化趋势。不同林分空间变异的垂直分布特征均表现为随土层深度的增加变异性降低。不同土层土壤 pH 值的分维数值样地 A（1.977、1.990、1.939）大于样地 B（1.944、1.953、1.883）。

从不同土层土壤 pH 值空间变异特征看，0~10cm 土层，未砍伐干扰林分（样地 B）的空间变异由空间自相关变异和随机变异共同作用，林分受砍伐干扰后（样地 A）土壤 pH 值的空间变异主要是随机性的变异起主导作用，在所研究尺度上表现为很弱的空间自相关性。10~20cm 土层土壤 pH 值的空间异质性特征与 0~10cm 土层相似。20~30cm 土层，未砍伐干扰林分（样地 B）在较小尺度（0.5~6.8m）上表现出中等强度（结构方差比 =69.8%）的空间自相关变异；砍伐干扰林分（样地 A）空间自相关的尺度增加。

总体上看，林分受到砍伐干扰后土壤 pH 值有一定程度升高，空间自相关变异减少，而随机性变异增强。

3　土壤全氮含量的空间异质性

3.1　研究方法

取样方法及林分基本概况见第 4 章。

土壤全氮的测定用半微量凯氏定氮法测定，分为三个主要的步骤，即消煮、蒸馏和滴定。秤取风干好的土壤样品 1.0g 进行试验，每个土样做 3 个重复，求其平均值作为土壤样品全氮含量值。

用 SPSS for windows 12.0 统计软件进行土壤全氮含量的平均数、标准差、变异系数分析，用单因素方差分析检验不同样地同一土层和同一样地不同土层土壤全氮含量的差异。

异常值的识别和处理、地统计学分析方法见第 4 章。

3.2　土壤全氮含量的空间变异

3.2.1　土壤全氮含量测定结果的统计特征值

由野外实测样本的经典统计学分析所得土壤全氮含量的统计特征值可见，在不考虑空间位置和取样间隔的情况下，砍伐干扰林分（样地 A）和未砍伐干扰林分(样地 B)土壤全氮的变异性中等，具有一定的空间异质性(表 5-5)。统计结果表明，土壤全氮含量在样地 A 和样地 B 有一定差异。样地 A 土壤全氮含量(0～30cm)均值为 0.22%，样地 B 土壤全氮含量均值为 1.06%，样地A < 样地 B。方差分析结果表明，不同土层样地 A 与样地 B 土壤全氮含量比较差异显著($P<0.05$)，样地 A 和样地 B 土壤全氮含量在不同土层间差异显著($P<0.05$)，表现为随着土层深度的增加土壤全氮含量减小。0～10cm 土层，样地 A 土壤全氮含量的波动范围为 0.080%～0.796% 之间，最大值是最小值的 9.96 倍；样地 B 波动范围为 0.134%～4.948%，最大值是最小值的 36.93 倍；表明未砍伐干扰林分(样地 B)土壤全氮含量有较大的波动。10～20cm 土层，样地 A 波动范围为 0.003%～0.397%，最大值是最小值的 132.33 倍；样地 B 波动范围为 0.104%～1.323%，最大值是最小值的 12.72 倍。20～30cm 土层，样地 A 波动范围为 0.014%～0.331%，最大值是最小值的 23.64 倍；样地 B 波动范围为 0.051%～1.212%，最大值是最小值的 23.76 倍。从变异系数看，0～10cm 土层变异系数样地 A(38.3) < 样地 B(47.4)；表明受砍伐干扰林分(样地 A)的变异较小；10～20cm 土层变异系数样地 A(40.4) > 样地 B(40.0)；20～30cm 土层变异系数样地 A(46.0) > 样地 B(40.1)。

表 5-5 土壤全氮含量的统计参数

Tab. 5-5 Statistics of soil total N in the research area

样地 Plot	土层深度 Soil depth (cm)	平均数 Mean	中位数 Median	标准差 Std. deviation	方差 Variance	变异系数 Cv(%)	最小值 Min	最大值 Max	偏度 Skewness	峰度 Kurtosis	$K-S$ 值 $K-S$ value
A	0～10	0.341	0.326	0.131	0.017	38.3	0.08	0.796	0.832	1.403	0.71
	10～20	0.171	0.172	0.069	0.005	40.4	0.003	0.397	0.113	0.814	1.10
	20～30	0.140	0.135	0.064	0.004	46.0	0.014	0.331	0.616	0.772	1.09
B	0～10	1.734	1.707	0.822	0.676	47.4	0.134	4.948	0.778	1.817	0.13
	10～20	0.779	0.832	0.312	0.097	40.0	0.104	1.323	-0.597	-0.421	0.20
	20～30	0.652	0.673	0.261	0.068	40.1	0.051	1.212	-0.338	-0.239	0.23

样地 A 华北落叶松林 0～10cm 土层 179 个土壤样品全氮含量的组距为 0.055，由频数分布和相对频数分布得知(图 5-7)，样地 A 将近 75% 样方中全氮含量在 0.16%～0.44% 之间；样地 B 178 个土壤样品全氮含量组距为 0.3703，将近 69% 样方中土壤全氮含量在 1.06%～2.54% 之间。10～20cm 土层，样地 A 177 个土壤样品全氮含量的组距为 0.030，将近 79% 样方中全氮含量在 0.11%～0.26% 之间；样地 B 176 个土壤样品全氮含量组距为 0.094，将

近62%样方中土壤全氮含量在0.71%~1.18%之间。20~30cm土层，样地A 174个土壤样品全氮含量的组距为0.0244，将近80%样方中全氮含量在0.05%~0.20%之间；样地B 171个土壤样品全氮含量组距为0.0445，将近90%样方中土壤全氮含量在0.45%~0.90%之间。

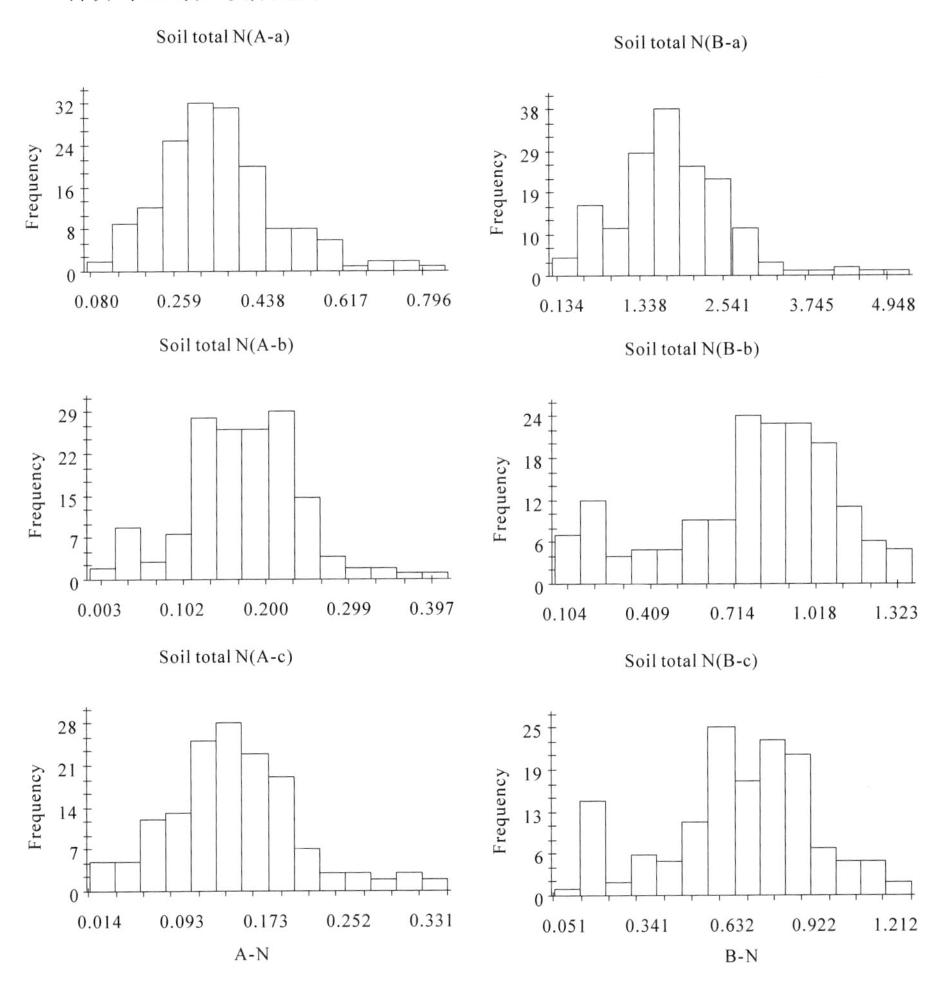

图5-7　土壤全氮含量的频率分布图

Fig. 5-7　Frequency histograms of soil total N

使用$K-S$正态性检验方法对不同土层土壤全氮含量的检验结果表明，所有所测土壤全氮含量均符合正态分布特征(表4-5)，可以直接进行地统计学分析。

3.2.2 土壤全氮含量的变异函数分析

对不同土层土壤全氮含量进行各向同性的变异函数分析结果表明，土壤全氮含量空间变异在不同林分样地和不同土层表现不同的变化趋势(图 5-8)。土壤全氮含量在砍伐干扰林分(样地 A)和未砍伐干扰林分(样地 B)各土层中均符合球状模型的变化趋势。

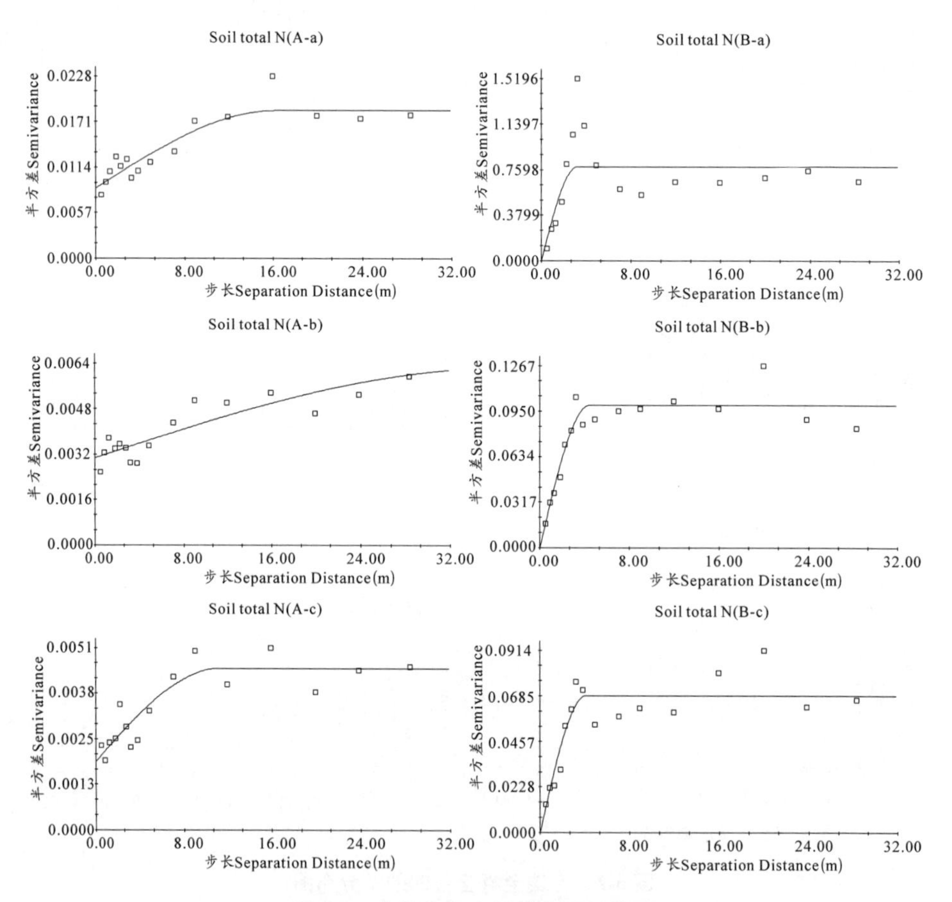

图 5-8　土壤全氮含量的变异函数图

Fig. 5-8　Semivariograms for soil total N

理论模型拟合结果表明(表 5-6)，砍伐干扰林分(样地 A)和未砍伐干扰林分(样地 B)各土层的土壤全氮含量都能很好地拟合理论模型(R^2 = 0.435 ~ 0.872)。F 检验结果表明，土壤全氮含量变异函数值的理论模型拟合效果均达到显著水平(P < 0.05)。

表5-6　土壤全氮含量变异函数理论模型参数

Tab. 5-6　Parameters of semivariogram for soil total N(0～30cm)

样地 Plot	土层深度 Soil depth (cm)	变异模型 Variogram model	块金值 (C_0)	基台值 (C_0+C)	空间结构比 (C/C_0+C)	变程 Range (m)	分维数 (D)	决定系数 (R^2)	残差平方和 (RSS)	F检验 F-test
A	0～10	Spherical	0.0088	0.0185	0.524	16.29	1.901	0.829	4.362E-05	378.82**
	10～20	Spherical	0.0030	0.0062	0.507	36.94	1.904	0.834	3.489E-06	382.58**
	20～30	Spherical	0.0019	0.0045	0.579	11.25	1.893	0.819	3.213E-06	333.14**
B	0～10	Spherical	0.0010	0.7850	0.999	3.23	1.890	0.435	1.06	62.60**
	10～20	Spherical	0.0001	0.0992	0.999	4.44	1.828	0.872	1.852E-03	545.93**
	20～30	Spherical	0.0001	0.0686	0.999	4.12	1.834	0.805	1.486E-03	293.65**

砍伐干扰林分(样地A)和未砍伐干扰林分(样地B)在不同土层土壤全氮含量基台值的变化不同，0～10cm土层，基台值样地A(0.0185)＜样地B(0.7850)；10～20cm土层基台值样地A(0.0062)＜样地B(0.0992)；20～30cm土层基台值样地A(0.0045)＜样地B(0.0686)。表明在各土层未砍伐干扰林分(样地B)与砍伐干扰林分(样地A)相比表现较大的空间变异性。从土壤垂直空间变异分析，不同林分样地均表现为随着土层深度的增加，土壤全氮含量的空间变异性减弱的趋势。

从空间结构比$C/(C_0+C)$来看，结构性因素在土壤全氮含量的空间异质性形成中占有较大的比重。未砍伐干扰林分(样地B)三个土层中空间结构比均为99.9%，有99.9%的空间变异是由于结构性因素造成的，说明全氮表现出很强的空间自相关变异。砍伐干扰林分(样地A)，空间结构比在52.4%～57.9%之间，全氮表现中等程度的空间自相关变异。

砍伐干扰林分(样地A)土壤全氮的空间自相关范围(0～30cm土层)是11.25～36.94m；未砍伐干扰林分(样地B)空间自相关范围是3.23～4.44m，在各土层土壤全氮的空间自相关范围均表现为样地A大于样地B。空间自相关尺度的垂直分异表现为，不同林分中土壤中层(10～20cm土层)土壤全氮的空间自相关范围最大。

在变异函数分析的基础上，对土壤全氮含量进行各向同性的分维数(D)计算。结果表明，0～10cm土层，分维数值样地A(1.901)＞样地B(1.890)；10～20cm土层，分维数值样地A(1.904)＞样地B(1.828)；20～30cm土层，分维数值样地A(1.893)＞样地B(1.834)。表明砍伐干扰林分(样地A)具较高的分维数值，空间异质性的复杂程度较高。从土壤全氮含量分维数值的垂直分异上看，砍伐干扰林分(样地 A)表现为土壤中层 > 表层 > 下层；未砍伐干扰林分(样地 B)表现为表层 > 下层 > 中层。

砍伐干扰对土壤全氮含量空间异质性产生影响，导致土壤全氮含量空间分布格局改变。依据各向同性的变异函数理论模型进行空间局部插值估计，绘制出土壤全氮含量的空间分布格局图(图 5-9)。

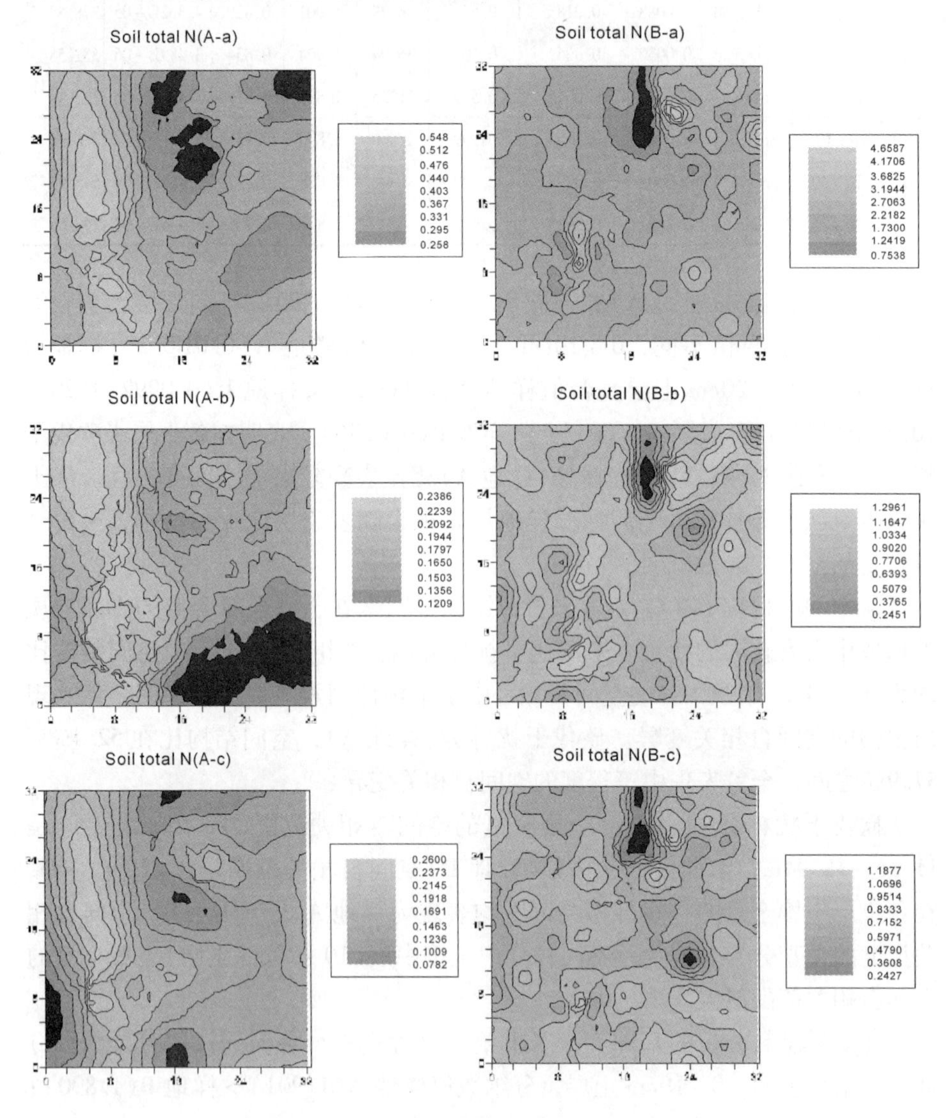

图 5-9 土壤全氮含量空间分布的克立格图

Fig. 5-9 Kriging map for soil total N

3.3 讨 论

3.3.1 不同林分土壤全氮含量平均状况的差异

土壤全氮含量是衡量土壤氮素供应状况的重要指标，土壤全氮含量表现为随土层深度的增加而减少的趋势，陈伏生等(2004)对不同沙地土壤全氮含量空间分布格局研究表明，0～10cm 土层的全氮含量高于土壤亚表层(11～20cm)。本研究表明，砍伐干扰后引起土壤全氮含量的改变，砍伐干扰林分(样地 A)土壤全氮含量在不同土层均明显小于未砍伐干扰林分(样地 B)。土壤全氮含量与土壤有机质的含量呈现一定的正相关关系，周正朝等(2005)研究表明，砍伐后土壤有机质的含量要低于未砍伐样地。主要由于砍伐干扰后，枯落物的分解减少，使补充到土壤中的有机质含量减少，此外由于植被的破坏，土壤侵蚀砍伐干扰林分(样地 A)较未砍伐干扰林分(样地 B)大些，造成有机质的流失，最终导致林地土壤有机质含量下降，土壤的全氮含量下降。

3.3.2 不同林分土壤全氮含量的空间异质性差异

本试验研究结果表明，砍伐干扰林分土壤全氮含量的空间异质性程度较低，空间自相关程度降低，结构性因素在空间变异中所占的比例下降，加大了人为因素在空间变异的比例，空间自相关范围加大。已有研究表明，土壤的全氮含量具有很强的空间自相关性，王军等(2002)对黄土高原小流域土壤养分的空间异质性研究表明，土壤全氮含量的空间自相关程度较强；李明辉等(2004)对丘塘景观土壤养分空间变异研究中发现土壤全氮具有很强的空间自相关性(李明辉等，2004)，与本试验结果一致。李明辉等(2004)研究还表明土壤中层(10～20cm)的空间自相关尺度明显大于土壤的表层(0～10cm)，本试验研究结果也表明土壤中层(10～20cm)的自相关范围大于表层(0～10cm)，但土壤下层(20～30cm)的空间自相关范围也小于土壤中层，所以土壤全氮含量的空间自相关尺度在土壤垂直方向上的分异变化特征，不是简单的递减或递增的关系，而是一个更为复杂的过程。

3.4 结 论

(1)砍伐干扰林分(样地 A)和未砍伐干扰林分(样地 B)土壤全氮含量的变异特征研究表明，样地 B 土壤全氮(0～30cm)均值为 1.06%，林分受砍伐干扰后全氮含量显著降低(样地 A 均值为 0.22%)。不同林分样地同一土层比较，土壤全氮含量的差异显著($P<0.05$)。土壤全氮含量具有明显的垂直变异特征，即随着土层深度的增加，全氮含量递减。土壤全氮含量的变异系数，在土壤表层(0~10cm)未砍伐干扰林分(样地B)大于砍伐干扰林分(样地A)。

(2)对土壤全氮含量进行各向同性的变异函数分析结果表明，土壤全氮含量在受砍伐干扰林分(样地A)和未砍伐干扰林分(样地B)均符合球状模型变化趋势，模型拟合效果均达到极显著水平($R^2=0.435\sim0.872$)。土壤全氮含量空间变异垂直分异表现为随土层深度的增加空间变异性减小。

0~10cm土层，未砍伐干扰林分(样地B)土壤全氮含量呈现较强的空间异质性($C_0+C=0.7850$)，呈现非常明显的小尺度(0.5~3.2m)空间自相关变异(结构方差比=99.9%)。林分受到砍伐干扰后(样地A)空间异质性明显降低($C_0+C=0.0185$)，为前者的2.4%；在0.5~16.3m的尺度范围表现中等程度的空间自相关变异。

10~20cm土层，未砍伐干扰林分(样地B)土壤全氮含量呈现较强的空间异质性($C_0+C=0.0992$)，表现为明显的小尺度范围(0.5~4.4m)空间自相关变异。砍伐干扰后(样地A)，土壤全氮异质性明显降低($C_0+C=0.0062$)，为前者的6.3%；空间自相关尺度增加，在0.5~36.9m的尺度范围表现中等的空间自相关变异。

20~30cm土层，未砍伐干扰林分(样地B)土壤全氮含量呈现较强的空间异质性($C_0+C=0.0686$)，表现为明显的小尺度范围(0.5~4.1m)空间自相关变异。砍伐干扰后(样地A)，土壤全氮异质性明显降低($C_0+C=0.0045$)，为前者的6.6%，在0.5~11.3m的尺度范围表现中等的空间自相关变异。

从以上变异特征看，本研究中未砍伐干扰的华北落叶松林分，土壤全氮的空间异质性特征非常明显，主要呈现较小尺度的空间自相关变异。砍伐干扰后，土壤全氮异质性强度明显降低，空间变异的尺度有一定程度的加大。

4　土壤硝态氮含量的空间异质性

4.1　研究方法

取样方法及林分基本概况见第4章。

取回的土壤新鲜样品，要及时进行测定，在1天内没能测的土样，放入冰箱内(0~4℃)保存。测定方法采用酚二磺酸比色法进行。

用SPSS for windows 12.0统计软件进行土壤硝态氮含量的平均数、标准差、变异系数的分析，用单因素方差分析检验不同样地同一土层和同一样地不同土层土壤硝态氮含量的差异。

异常值的识别和处理、地统计学分析方法见第4章。

4.2　土壤硝态氮含量的空间变异

4.2.1　土壤硝态氮含量测定结果的统计特征值

由野外实测样本的经典统计学分析所得土壤硝态氮含量的统计特征值可见，在不考虑空间位置和取样间隔的情况下，砍伐干扰林分(样地A)和未砍伐干扰林分(样地B)土壤硝态氮含量属中等变异，具有一定的空间异质性(表4-7)。统计结果表明，土壤硝态氮含量在不同林分有一定差异。砍伐干扰林分(样地A)土壤硝态氮含量(0~30cm)均值为0.845 mg · kg^{-1}，未砍伐干扰林分(样地B)土壤硝态氮含量均值为0.250 mg · kg^{-1}，林分受到砍伐干扰后土壤硝态氮含量增加。方差分析结果表明，不同土层样地A与样地B土壤硝态氮含量比较差异显著($P<0.05$)，样地A和样地B土壤硝态氮含量在不同土层间差异显著($P<0.05$)。未砍伐干扰林分(样地B)土壤硝态氮含量的垂直分布特征表现为随土层深度的增加而较小；而砍伐干扰林分(样地A)表现为10~20cm土层硝态氮含量较大。

0~10cm土层，样地A土壤硝态氮含量的波动范围为0.023~2.350mg · kg^{-1}，最大值是最小值的102.17倍，样地B波动范围为0.013~1.497mg · kg^{-1}，最大值是最小值的115.15倍；未受砍伐干扰林分(样地B)表现明显的波动。10~20cm土层，样地A波动范围为0.022~2.245mg · kg^{-1}，最大值是最小值的102.04倍；样地B波动范围为0.002~0.694mg · kg^{-1}，最大值是最小值的347倍。20~30cm土层，样地A波动范围为0.019~1.769mg · kg^{-1}，最大值是最小值的92.58倍；样地B波动范围为0.013~0.315mg · kg^{-1}，最大值是最小值的24.23倍。表明在不同林分样地中，土壤硝态氮均表现较大的波动。从变异系数看，0~10cm土层变异系数样地A(51.6)<样地B(77.0)；10~20cm土层变异系数样地A(44.8)<样地B(56.7)；20~30cm土层变异系数样地A(52.1)>样地B(46.1)；表明未砍伐干扰林分(样地B)土壤硝态氮含量的变异较大。

样地A华北落叶松林0~10cm土层179个土壤样品硝态氮含量的组距为0.179，由频数分布和相对频数分布(图5-10)得知，将近76%样方中土壤硝态氮含量在0.29~1.36mg · kg^{-1}之间；样地B 178个土壤样品硝态氮含量组距为0.114，将近72%样方中土壤硝态氮含量在0.07~0.53mg · kg^{-1}之间。10~20cm土层，样地A 177个土壤样品硝态氮含量的组距为0.171，将近79%样方中土壤硝态氮含量在0.28~1.30mg · kg^{-1}之间；样地B 176个样品硝态氮含量组距为0.053，将近62%样方中土壤硝态氮含量在0.08~0.34mg · kg^{-1}之间。20~30cm土层，样地A 174个土壤样品硝态氮含量的组距为0.135，将近74%样方中土壤硝态氮含量在0.36~1.16mg · kg^{-1}之间；样地B 171个样品硝态氮含量组距为0.023，将近65%样方中土壤硝态氮含量在0.05~0.16mg · kg^{-1}之间。

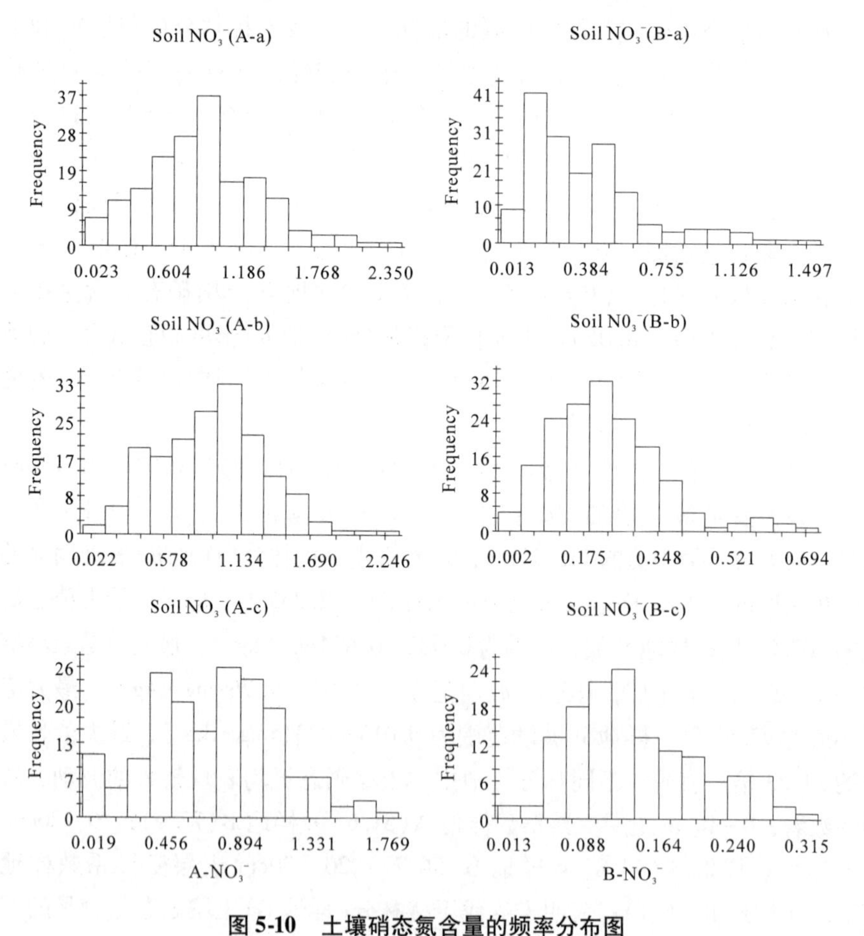

图5-10　土壤硝态氮含量的频率分布图

Fig. 5-10　Frequency histograms of soil NO_3^-

使用$K-S$正态性检验方法对不同土层土壤硝态氮含量的检验结果表明，所有所测土壤硝态氮含量均符合正态分布特征(表5-7)，可以直接进行地统计学分析。

表 5-7　土壤硝态氮含量的统计参数

Tab. 5-7　Statistics of soil NO_3^- in the research area

样地 Plot	土层深度 Soil depth (cm)	平均数 Mean	中位数 Median	标准差 Std. deviation	方差 Variance	变异系数 Cv(%)	最小值 Min	最大值 Max	偏度 Skewness	峰度 Kurtosis	$K-S$值 $K-S$ value
A	0~10	0.878	0.860	0.453	0.205	51.6	0.023	2.350	0.425	0.209	0.07
	10~20	0.916	0.949	0.411	0.169	44.8	0.022	2.245	0.218	-0.052	0.06
	20~30	0.742	0.771	0.386	0.149	52.1	0.019	1.769	0.135	-0.290	0.16
B	0~10	0.382	0.311	0.294	0.086	77.0	0.013	1.497	1.366	1.890	0.11
	10~20	0.228	0.205	0.129	0.017	56.7	0.002	0.694	1.048	1.678	0.10
	20~30	0.140	0.127	0.065	0.004	46.1	0.013	0.315	0.564	-0.384	0.10

4.2.2　土壤硝态氮含量的变异函数分析

对不同土层土壤硝态氮含量进行各向同性的变异函数分析结果表明，土壤硝态氮含量变化在不同林分样地和不同土层表现不同的变化趋势(图5-11)。土壤硝态氮含量在未受砍伐干扰林分(样地B)土壤表层符合指数模型的变化趋势，其余均符合球状模型的变化趋势。

理论模型拟合结果表明(表5-8)，砍伐干扰林分(样地A)和未砍伐干扰林分(样地B)各土层硝态氮含量都能很好地拟合理论模型($R^2=0.221-0.875$)。F检验结果表明，土壤硝态氮含量变异值的理论模型拟合效果均达到极显著水平($P<0.01$)。

砍伐干扰林分(样地A)和未砍伐干扰林分(样地B)在不同土层土壤硝态氮含量基台值的变化不同，0~10cm土层，基台值样地A(0.3166)>样地B(0.0890)；10~20cm土层基台值样地A(0.3128)>样地B(0.0344)；20~30cm土层基台值样地A(0.2666)>样地B(0.0067)。表明林分受到砍伐干扰后土壤硝态氮含量的空间异质性增强。从土壤垂直空间变异分析，土壤硝态氮含量的空间变异性在不同林分中均表现为随土层深度的增加而减弱的趋势。

从空间结构比$C/(C_0+C)$来看，空间结构比在50.1%~75.3%之间，说明结构性因素在土壤硝态氮含量的空间异质性形成中占有较大的比重，空间自相关程度中等。0~10cm土层，空间结构比样地B(75.3%)大于样地A(50.2%)；10~20cm土层，样地A(67.7%)大于样地B(65.4%)；20~30cm土层，样地A(65.9%)大于样地B(50.1%)。从空间结构比的垂直分异看，

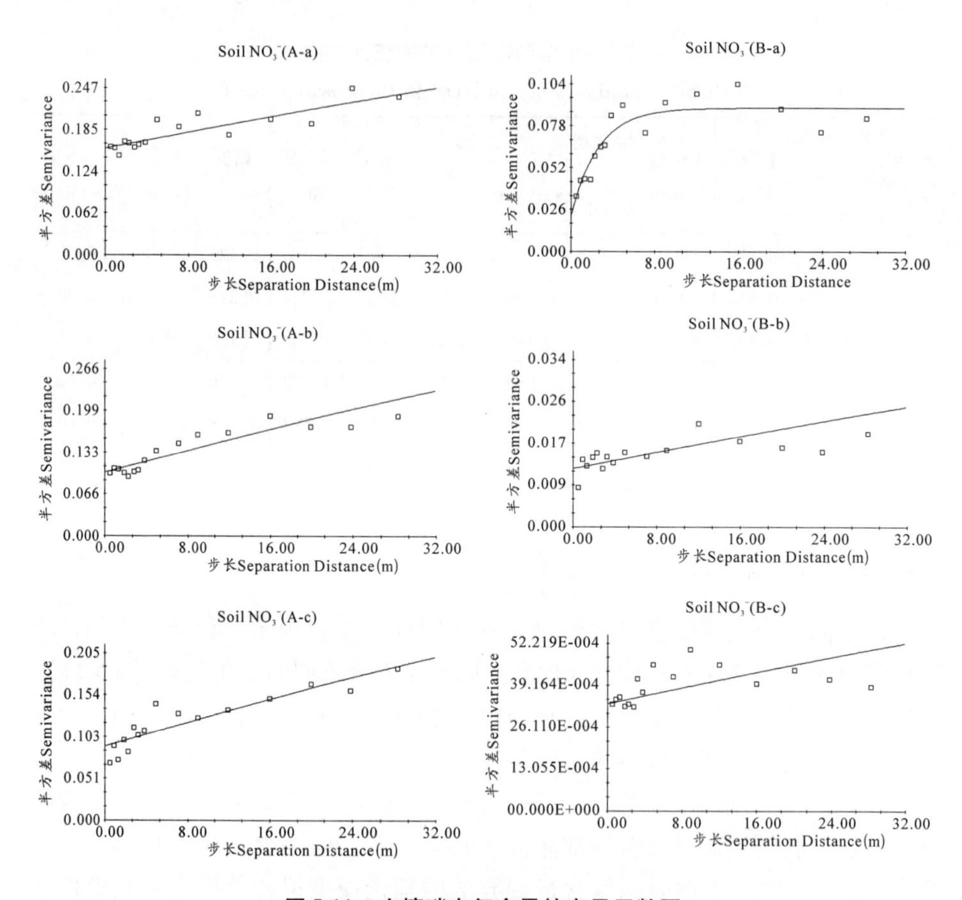

图 5-11　土壤硝态氮含量的变异函数图

Fig. 5-11　Semivariograms for soil NO_3^-

样地 A 中 0～10cm 土层表现较弱的空间自相关性；样地 B 表现为随土层深度的增加空间自相关性降低。

砍伐干扰林分(样地)A(0～30cm 土层)土壤硝态氮含量的空间自相关范围是 71.68～81.00m；未砍伐干扰林分(样地 B)0～10cm 土层空间自相关范围为变程的 3 倍，有效变程为 23.58m，样地 B 空间自相关范围是 23.58～81.00m，样地 A 空间自相关范围大于样地 B。空间自相关范围垂直分异表现为，砍伐干扰林分(样地 A)随土层深度的增加自相关尺度减小；未砍伐干扰林分(样地 B)土壤表层表现较小的自相关尺度。

表 5-8　土壤硝态氮含量变异函数理论模型参数

Tab. 5-8　Parameters of semivariogram for soil NO_3^- (0~30cm)

样地 Plot	土层深度 Soil depth (cm)	变异模型 Variogram model	块金值 (C_0)	基台值 (C_0+C)	空间结构比 [$C/(C_0+C)$]	变程 Range (m)	分维数 (D)	决定系数 (R^2)	残差平方和 (RSS)	F 检验 F-test
A	0~10	Spherical	0.1578	0.3166	0.502	81.00	1.946	0.781	3.334E-03	307.37**
	11~20	Spherical	0.1009	0.3128	0.677	72.77	1.891	0.870	4.531E-03	576.73**
	21~30	Spherical	0.0908	0.2666	0.659	71.68	1.883	0.875	3.014E-03	603.25**
B	0~10	Exponential	0.0220	0.0890	0.753	7.86	1.890	0.839	4.704E-03	412.43**
	11~20	Spherical	0.0119	0.0344	0.654	81.00	1.910	0.580	2.034E-04	113.59**
	21~30	Spherical	0.0033	0.0067	0.501	81.00	1.964	0.221	5.788E-06	19.36**

在空间变异分析的基础上，对土壤硝态氮含量进行各向同性的分维数(D)计算(表5-8)。结果表明，0~10cm土层，分维数值样地A(1.946)>样地B(1.890)；10~20cm土层，分维数值样地A(1.891)<样地B(1.910)；20~30cm土层，分维数值样地A(1.883)<样地B(1.964)。在砍伐干扰影响下样地A中0~10cm分维数值增加。从土壤硝态氮含量分维数值的垂直分异上看，样地A表现为土壤表层>中层>下层；样地B分维数值的表现与样地A正好相反。

砍伐干扰对土壤硝态氮含量空间异质性产生影响，导致土壤硝态氮含量含量空间分布格局改变。依据各向同性的变异函数理论模型进行空间局部插值估计，绘制出土壤硝态氮含量的空间分布格局图(图5-12)。

4.3　讨　论

4.3.1　不同林分土壤硝态氮含量平均状况的差异

本试验研究表明受砍伐干扰林分(样地A)硝态氮的平均值0.845mg·kg^{-1}远大于未受砍伐干扰林分(样地B)的均值0.250mg·kg^{-1}，说明砍伐干扰造成林地硝态氮含量的明显增加与崔晓阳和宋金凤(2005)的研究相一致。方运霆等(2004)研究表明，土壤硝态氮和铵态氮因森林类型、取样时间和土层不同而不同，在本研究中，样地A土壤硝态氮含量在土壤各层明显高于样地B，可能是样地本身养分含量的差异所造成的，本研究还表明样地A硝态氮的含量表现为倒“V”型，即上层和下层低而中间高的特性，这种现象可能是由于表层硝态氮含量较高，易向下淋洗造成的。研究表明硝态氮含量与水分和硝

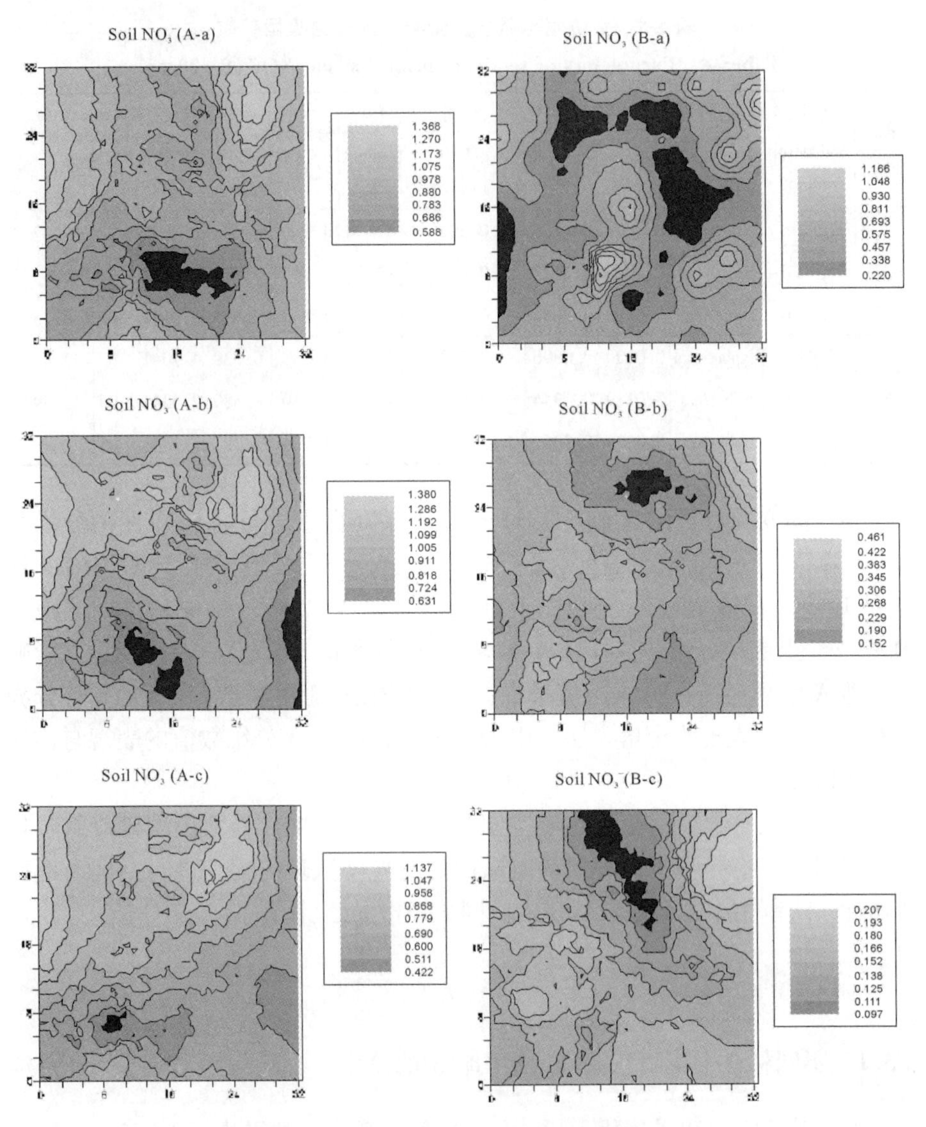

图 5-12　土壤硝态氮含量空间分布的克立格图

Fig. 5-12　Kriging map for soil NO_3^-

态氮的淋失有很大的关系(周顺利等，2002)，在降水频度和强度都很大的时期，很容易使上层土壤硝态氮随水下移，造成硝态氮的淋洗；且土壤硝态氮的运移受土壤水分状况和土壤硝态氮含量的影响，土壤硝态氮含量越高，硝态氮向深层移动的量越大，移动的越深。样地 B 土壤硝态氮含量较低，表现为直线型，随土层深度的增加而下降，表明样地 B 上层土壤硝态氮淋失很小。

从变异系数看，未砍伐干扰林分(样地 B)虽然含量较低，但变异系数却大于砍伐干扰林分(样地 A)；不同林分土壤硝态氮均表现为土壤表层变异大于土壤中层，与高鹭等(2004)研究不同喷灌条件下土壤硝态氮的变异表现为表层的变异要大于亚表层相一致。

4.3.2　不同林分土壤硝态氮含量的空间异质性差异

土壤有效氮(硝态氮和铵态氮)组成往往受光照、水分和温度等环境因子和土壤 pH 值、凋落物数量和质量、土壤动物、微生物种群等基质条件的影响。因此不同地域不同时间森林土壤有效氮含量可能存在很大差异(崔晓阳和宋金凤，2005)。本试验结果表明土壤硝态氮在不同样地和同一样地不同土层均表现空间异质性的特性，且在砍伐干扰影响下硝态氮的空间异质性程度增加。由于林分受到砍伐干扰后，林分中的光照、水分及凋落物等环境因子会发生改变，土壤硝态氮受这些因子影响，异质性有很大的增加。

4.4　结　论

(1)土壤硝态氮含量(0～30cm)的均值表现为样地 A(0.845mg · kg^{-1}) > 样地 B(0.250mg · kg^{-1})，受砍伐干扰的样地土壤硝态氮含量较高。不同土层土壤硝态氮含量方差分析结果表明，样地 A 与样地 B 硝态氮含量差异显著($P<0.05$)。样地 B 土壤硝态氮含量具有明显的垂直变异特征，即随着土层深度的增加，硝态氮含量递减；样地 A 中 10～20cm 土层硝态氮含量最高。未砍伐干扰林分(样地 B)土壤硝态氮含量的变异大于砍伐干扰林分(样地 A)。

(2)对土壤硝态氮含量进行各向同性的变异函数分析结果表明，土壤硝态氮在不同林分符合指数模型或球状模型的变化趋势；模型拟合效果均达到极显著水平($R^2=0.221\sim0.875$)。从不同土层看，0～10cm 土层，未砍伐干扰林分(样地 B)土壤硝态氮含量在较小尺度上(<7.9m)表现出空间自相关变异(结构方差比=75.3%)；林分受到砍伐干扰后土壤硝态氮含量异质性程度明显增加，是未砍伐林分的 3.6 倍，空间变异特征非常复杂(分维数 $D=1.946$)。在 10～20cm 和 20～30cm 土层，均表现出砍伐干扰后土壤硝态氮含量异质性程度增加。两个林分空间异质性垂直分异均表现为，随着土层加深异质性强度明显降低；分维数(D)的垂直分异上看，砍伐干扰林分(样地 A)表现为土壤上层 > 中层 > 下层；未砍伐干扰林分(样地 B)正好相反。

5　土壤铵态氮含量的空间异质性

5.1　研究方法

取样方法及林分基本概况见第 4 章。

取回的土壤新鲜样品，要及时进行测定，在 1 天内没能测的土样，放入冰箱内(0～4℃)保存。测定方法采用 $2mol \cdot L^{-1}$ KCl 浸提－靛酚蓝比色法进行。

用 SPSS for windows 12.0 统计软件进行土壤铵态氮的平均数、标准差、变异系数的分析，用单因素方差分析检验不同样地同一土层和同一样地不同土层土壤铵态氮的差异。

异常值的识别和处理、地统计学分析方法见第 4 章。

5.2　土壤铵态氮含量的空间变异

5.2.1　土壤铵态氮含量测定结果的统计特征值

由野外实测样本的经典统计学分析所得土壤铵态氮的统计特征值可见，在不考虑空间位置和取样间隔的情况下，砍伐干扰林分(样地 A)和未砍伐干扰林分(样地 B)土壤铵态氮含量的变异系数在 46.3%～67.3% 之间，属中等变异，具有一定的空间变异性(表 5-9)。统计结果表明，土壤铵态氮含量在不同林分样地中有一定差异；砍伐干扰林分(样地 A)土壤铵态氮含量(0～30cm)的均值为 $3.36mg \cdot kg^{-1}$，未砍伐干扰林分(样地 B)土壤铵态氮含量的均值为 $1.96mg \cdot kg^{-1}$，林分受到砍伐干扰后土壤铵态氮的含量增加。方差分析结果表明，不同土层样地 A 与样地 B 土壤铵态氮含量比较差异显著($P < 0.05$)，样地 A 和样地 B 土壤铵态氮含量在不同土层间差异显著($P < 0.05$)。土壤铵态氮含量在样地 A 和样地 B 表现明显的垂直分布特征，随着土层深度的增加，铵态氮含量减小。

0～10cm 土层，样地 A 土壤铵态氮含量的波动范围为 $0.495 \sim 16.747mg \cdot kg^{-1}$，最大值是最小值的 33.83 倍；样地 B 波动范围为 $0.648 \sim 6.949mg \cdot kg^{-1}$，最大值是最小值的 10.72 倍。10～20cm 土层，样地 A 波动范围为 $0.017 \sim 5.150mg \cdot kg^{-1}$，最大值是最小值的 302.94 倍；样地 B 波动范围为 $0.296 \sim 4.257mg \cdot kg^{-1}$，最大值是最小值的 14.38 倍。20～30cm 土层，样地

A波动范围为0.039～4.251mg · kg^{-1}，最大值是最小值的109倍；样地B波动范围为0.008～4.023mg · kg^{-1}，最大值是最小值的502.88倍。表明在不同林分中，土壤铵态氮均具有很大的波动。从变异系数看，0～10cm土层，变异系数样地A(46.3)＜样地B(47.1)；10～20cm土层，变异系数样地A(51.9)＜样地B(53.0)；20～30cm土层，变异系数样地A(67.3)＞样地B(61.1)。从土壤铵态氮变异系数的垂直分异来看，不同林分样地均表现为表层＜中层＜下层。

表5-9　土壤铵态氮含量的统计参数

Tab. 5-9　Statistics of soil NH_4^+ in the research area

样地 Plot	土层深度 Soil depth (cm)	平均数 Mean	中位数 Median	标准差 Std. deviation	方差 Variance	变异系数 Cv(%)	最小值 Min	最大值 Max	偏度 Skewness	峰度 Kurtosis	$K-S$值 $K-S$ value
A	0～10	6.548	5.948	3.034	9.204	46.3	0.495	16.747	0.819	0.590	0.09
	10～20	2.175	2.048	1.129	1.274	51.9	0.017	5.150	0.445	-0.510	0.08
	20～30	1.344	1.183	0.905	0.818	67.3	0.039	4.251	0.895	0.424	0.08
B	0～10	3.172	2.886	1.493	2.229	47.1	0.648	6.949	0.529	-0.439	0.08
	10～20	1.553	1.348	0.823	0.678	53.0	0.296	4.257	1.273	1.655	0.12
	20～30	1.154	0.498	0.706	0.498	61.1	0.008	4.023	1.573	3.323	0.12

由频数分布和相对频数分布(图5-13)得知，样地A华北落叶松林0～10cm土层179个土壤样品铵态氮含量的组距为1.250，将近75%样方铵态氮含量在2.37～8.62mg · kg^{-1}之间；样地B 178个土壤样品铵态氮含量组距为0.485，将近75%样方铵态氮含量在1.38～4.77mg · kg^{-1}之间。10～20cm土层，样地A 177个土壤样品铵态氮含量的组距为0.395，将近71%样方中铵态氮含量在1.01～3.37mg · kg^{-1}之间；样地B 176个土壤样品铵态氮含量组距为0.305，将近74%样方中土壤铵态氮含量在0.45～1.97mg · kg^{-1}之间。20～30cm土层，样地A 174个土壤铵态氮含量的组距为0.324，将近60%样方中土壤铵态氮含量在0.20～1.50mg · kg^{-1}之间；样地B 171个土壤样品铵态氮含量组距为0.309，将近75%样方中土壤铵态氮含量在0.47～1.71mg · kg^{-1}之间。

使用$K-S$正态性检验方法对不同土层土壤铵态氮含量的检验结果表明，所有所测土壤铵态氮含量均符合正态分布特征(表5-9)，可以直接进行地统计学分析。

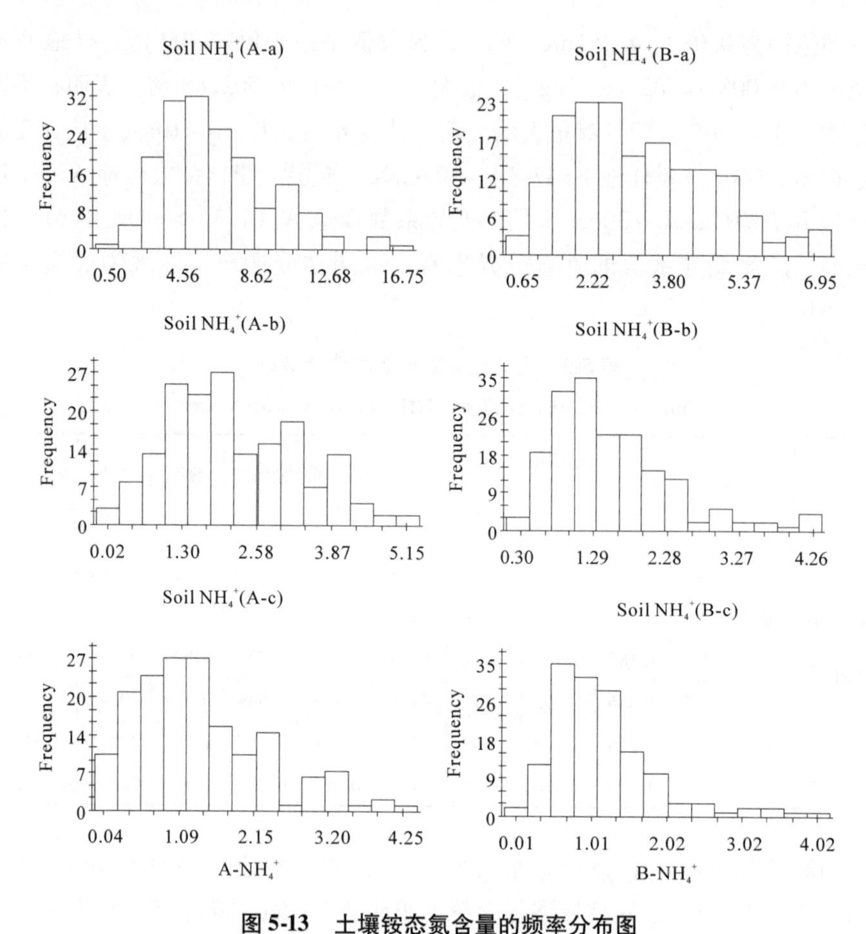

图 5-13 土壤铵态氮含量的频率分布图

Fig. 5-13 Frequency histograms of soil NH_4^+

5.2.2 土壤铵态氮含量的变异函数分析

对不同土层土壤铵态氮含量进行各向同性的变异函数分析结果表明，土壤铵态氮含量变化在不同样地和不同土层表现不同的变化趋势(图 5-14)，说明砍伐干扰对土壤铵态氮含量的空间分布具有重要影响。土壤铵态氮含量除受砍伐干扰林分(样地 A)土壤表层符合指数模型的变化趋势外，其余各土层均符合球状模型的变化趋势。

理论模型拟合结果表明(表 5-10)，除样地 A 土壤中层理论模型拟合效果不显著外($P>0.05$)，其余各土层的铵态氮含量都能很好地拟合理论模型($R^2=0.155\sim0.691$)，F 检验结果表明，理论模型拟合效果均达到极显著水平($P<0.01$)。

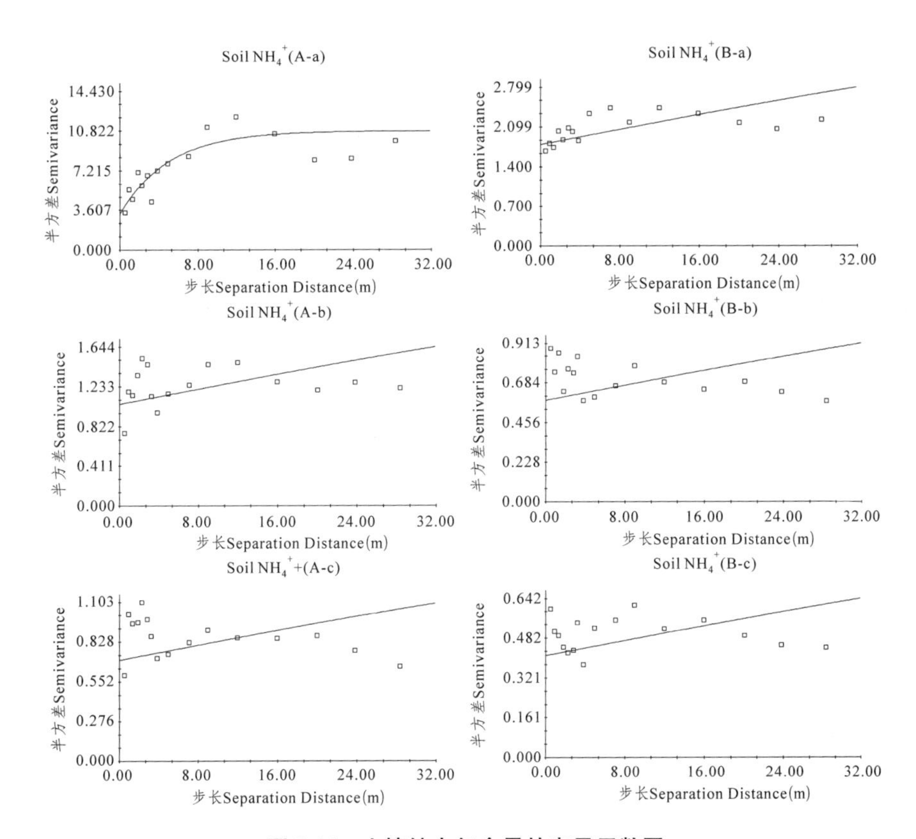

图 5-14　土壤铵态氮含量的变异函数图

Fig. 5-14　Semivariograms for soil NH_4^+

表 5-10　土壤铵态氮含量变异函数理论模型参数

Tab. 5-10　Parameters of semivariogram for soil NH_4^+ (0 ~ 30cm)

样地 Plot	土层深度 Soil depth	变异模型 Variogram model	块金值 (C_0)	基台值 (C_0 + C)	空间结构比 [$C/(C_0+C)$]	变程 Range(m)	分维数 (D)	决定系数 (R^2)	残差平方和 (RSS)	F 检验 F - test
A	0 ~ 10	Exponential	3. 320	10. 81	0. 693	15. 15	1. 871	0. 691	42. 9	192. 68 **
	10 ~ 20	Spherical	1. 052	2. 105	0. 500	81. 00	1. 972	0. 031	1. 00	2. 79
	20 ~ 30	Spherical	0. 702	1. 405	0. 500	81. 00	1. 964	0. 353	1. 15	47. 56 **
B	0 ~ 10	Spherical	1. 792	3. 585	0. 500	81. 00	1. 959	0. 442	1. 04	65. 07 **
	10 ~ 20	Spherical	0. 584	1. 169	0. 500	81. 00	1. 952	0. 480	0. 698	79. 06 **
	20 ~ 30	Spherical	0. 411	0. 823	0. 500	81. 00	1. 979	0. 155	0. 279	15. 71 **

注：* * 表示极显著差异。

砍伐干扰林分(样地 A)和未砍伐干扰林分(样地 B)在不同土层土壤铵态氮含量基台值的变化不同，0 ~ 10cm 土层，基台值样地 A(10. 81) > 样地 B(3. 585)；10 ~ 20cm 土层，基台值样地 A(2. 105) > 样地 B(1. 169)；20 ~ 30cm 土层，基台值样地 A(1. 405) > 样地 B(0. 823)。表明林分受到砍伐干扰后土壤铵态氮的空间异质性也增强。从土壤垂直空间变异分析，不同林分样地基台值均表现为土壤上层 > 中层 > 下层。说明随着土层深度的增加，土壤铵态氮含量的空间变异性减弱。

从空间结构比 $C/(C_0 + C)$ 来看，空间结构比在 50. 0% ~ 69. 3% 之间，说明结构性因素在土壤铵态氮含量的空间异质性形成中占有较大的比重，空间相关程度中等。

砍伐干扰林分(样地 A)的空间自相关范围是 45. 45 ~ 81. 00m；未砍伐干扰林分(样地 B)空间自相关范围是 81. 00m，表明未砍伐干扰林分土壤铵态氮的空间自相关变异尺度较大。空间自相关范围垂直分异表现为，样地 A 土壤上层大于中层和下层；样地 B 空间自相关范围相等。

在变异分析的基础上，对土壤铵态氮含量进行各向同性的分维数(D)计算。结果表明，土壤表层分维数值，样地 A(1. 871) < 样地 B(1. 959)；土壤中层分维数值，样地 A(1. 972) > 样地 B(1. 952)；土壤下层分维数值，样地 A(1. 964) < 样地 B(1. 979)。在砍伐干扰影响下样地 A 土壤表层分维数值增加。从土壤铵态氮含量分维数值的垂直分异上看，样地 A 表现为中层 > 下层 > 上层；样地 B 分维数值的表现为中层 < 上层 < 下层。

砍伐干扰对土壤铵态氮含量空间异质性产生影响，导致土壤铵态氮含量空间分布格局改变。依据各向同性的变异函数理论模型进行空间局部插值估计，绘制出土壤铵态氮含量的空间分布格局图(图 5-15)。

5. 3 讨 论

5. 3. 1 不同林分土壤铵态氮含量平均状况的差异

本实验研究表明砍伐干扰林分(样地 A)土壤铵态氮含量的平均值 3. 36 $mg \cdot kg^{-1}$ 大于未砍伐干扰林分(样地 B)的均值 1. 96$mg \cdot kg^{-1}$，可能是由于受砍伐干扰后随着地上植被的消失，植被对土壤养分吸收减少，尤其是对土壤有效养分的吸收减少，造成了有效养分在土壤中的积累。从变异系数看，未砍伐干扰林分(样地 B)土壤铵态氮含量虽然小于砍伐干扰林分(样地 A)，但土壤上层和中层变异系数大于样地 A。且从变异系数的垂直分异看，土壤下

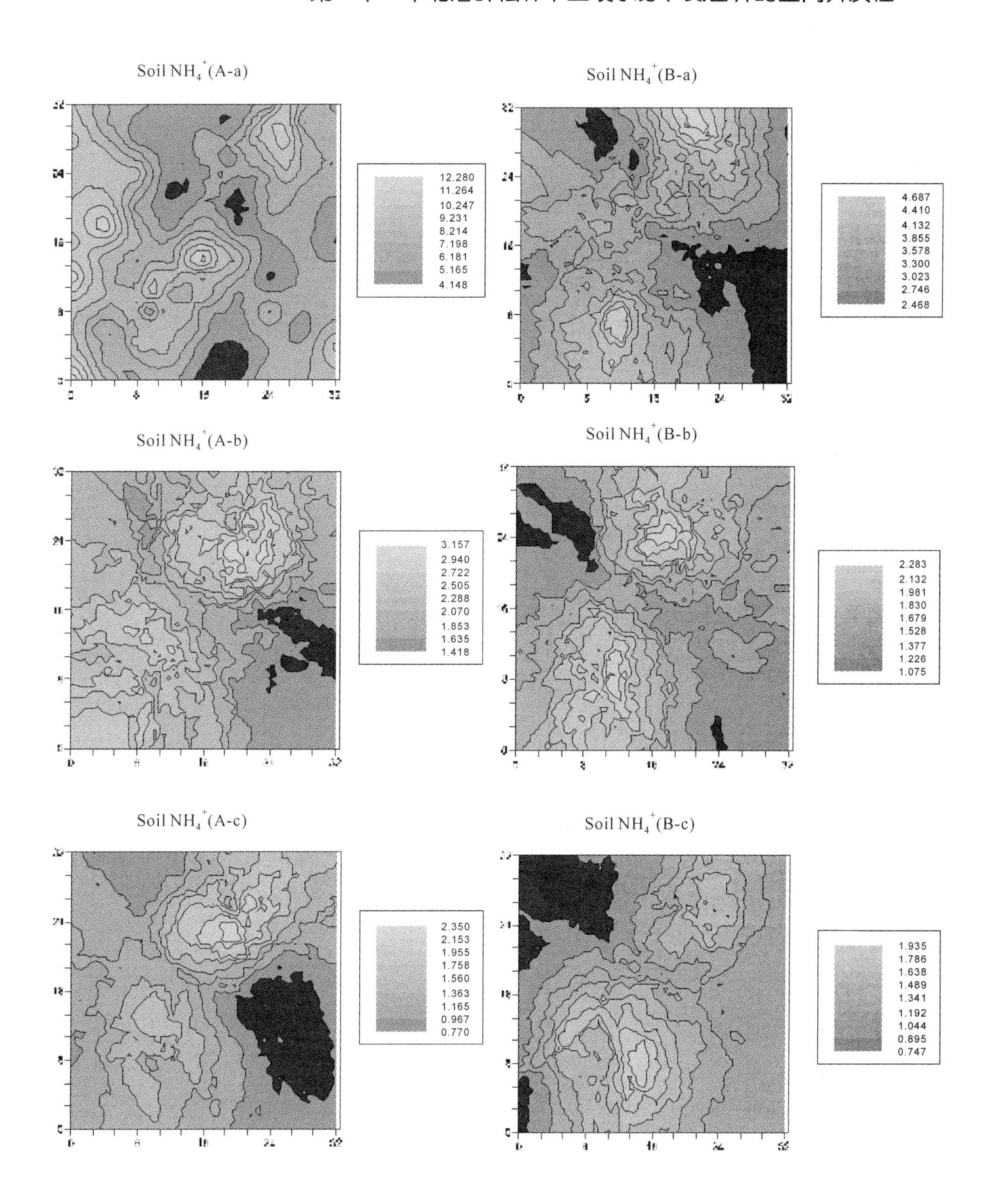

图 5-15　土壤铵态氮含量空间分布的克立格图

Fig. 5-15　Kriging map for soil NH_4^+

层变异系数大于土壤上层，与大部分森林土壤铵态氮的垂直分异研究相一致（莫江明等，1997）。

5.3.2 不同林分土壤铵态氮含量的空间异质性差异

与土壤硝态氮的空间异质性相似，砍伐干扰加大了土壤铵态氮的空间变异性。铵态氮含量的变异分析结果表明，砍伐干扰林分(样地 A)土壤表层铵态氮空间分布拟合为指数模型，说明铵态氮在空间上的变化规律是不规则的(李明辉等，2004)。空间结构比分析结果都接近 50%，说明人为因素对铵态氮含量的影响较大。铵态氮的空间自相关性在不同样地和不同土层差别不大。

5.4 结 论

(1)土壤(0～30cm)铵态氮含量的均值表现为砍伐干扰林分(样地 A)为 3.36mg · kg^{-1}，未砍伐干扰林分(样地 B)为 1.96mg · kg^{-1}，样地 A 为样地 B 的 1.71 倍，表明受砍伐干扰后样地土壤铵态氮含量较高。不同土层土壤铵态氮含量方差分析结果表明，样地 A 与样地 B 铵态氮含量差异显著($P<0.05$)。土壤铵态氮含量在样地 A 和样地 B 表现明显的垂直变异特征，即随着土层深度的增加，铵态氮含量递减。铵态氮含量的变异系数未砍伐干扰林分大于砍伐干扰林分，表明未砍伐干扰林分具有较明显的变异。

(2)对土壤铵态氮含量进行各向同性的变异函数分析结果表明，土壤铵态氮含量在砍伐干扰林分(样地 A)和未砍伐干扰林分(样地 B)中均符合指数模型或球状模型的变化趋势；模型拟合效果除样地 A 土壤中层外均达到极显著水平($R^2=0.155\sim0.691$)。

从各土层的空间变异看，在 0～10cm 的土壤表层，未受砍伐干扰的林分(样地 B)土壤铵态氮空间变异程度相对较小，受砍伐干扰后异质性程度明显增加，为前者的 3.0 倍。在 10～20cm 和 20～30cm 土层，砍伐干扰林分，土壤铵态氮空间变异程度也有明显增加，且以随机性变异为主。土壤铵态氮含量垂直空间变异表现为随土层深度的增加空间异质性降低。在不同林分和不同土层铵态氮均表现为中等程度的空间自相关变异。

6 土壤水分、氮营养和 pH 值的关联性

6.1 研究方法

采用 SPSS for windows 12.0 软件进行土壤水分、氮营养和 pH 值各因子的多元线性相关分析。

6.2　不同林分土壤水分、氮营养和 pH 值的相关性分析

6.2.1　不同林分土壤水分、氮营养和 pH 值平均状况的差异

华北落叶松林因砍伐干扰的原因，引起土壤水分、氮素营养和 pH 值在垂直分布上产生变化(图 5-16)。土壤含水量和土壤铵态氮的土壤表层含量砍伐干扰林分(样地 A)与未砍伐干扰林分(样地 B)相比，林分受到砍伐干扰后土壤含水量和铵态氮含量在土壤表层的比重增加，样地 B 土壤表层含水量占总土层(0 ~ 30cm)含水量的 36.52%，样地 A 表层含水量占总土层含水量的 39.55%；样地 B 土壤表层铵态氮含量占总土层铵态氮含量的 56.34%，样地 A 占总土层含量的 66.07%。土壤全氮和硝态氮因砍伐干扰影响表土层所占比重下降，土壤表层全氮含量样地 B 占土壤(0 ~ 30cm)总全氮含量的 53.79%，样地 A 表层全氮含量占总全氮含量的 50.64%；土壤表层硝态氮含量在样地 B 占总含量的 52.76%，样地 A 土壤表层硝态氮含量占总含量的 34.62%。土壤 pH 值样地 B 垂直分布表现为随着土层深度的增加，pH 值上升的趋势；样地 A 土壤 pH 值在各土层基本相等。

从试验结果的变异系数看(0 ~ 30cm)，砍伐干扰林分(样地 A)，土壤含水量、pH 值、全氮、硝态氮、铵态氮的变异系数范围分别为 16% ~ 19%、1.4%~1.5%、38.3%~46.0%、44.8%~51.6%、46.3%~67.3%；未砍伐干扰林分(样地 B)，土壤含水量、pH 值、全氮、硝态氮、铵态氮的变异系数范围分别为 18% ~ 21%、2.5% ~ 4.4%、40.1% ~ 47.4%、52.1% ~ 77.0%、47.1%~61.1%。以上可看出，土壤含水量、土壤 pH 值、土壤全氮和土壤硝态氮的变异特征表现为，未砍伐干扰林分(样地 B)的变异大于砍伐干扰林分(样地 A)；土壤铵态氮的变异虽然表现为砍伐干扰林分(样地 A)大于未砍伐干扰林分(样地 B)，但差异很小。根据 Wilding(1985)对土壤性质变异程度进行分类的标准，Cv 值在 0 ~ 15% 为弱变异性，16%~35% 为中等变异性，大于 36% 为高度变异(Norby *et al.*，2004)。土壤 pH 值在砍伐干扰林分(样地 A)和未砍伐干扰林分(样地 B)均表现为弱变异；土壤含水量在砍伐干扰林分(样地 A)和未砍伐干扰林分(样地 B)均表现为中等变异；土壤全氮含量、土壤硝态氮含量和土壤铵态氮含量在砍伐干扰林分和未砍伐干扰林分均表现为强变异。其中变异性由大到小依次为土壤硝态氮 > 土壤铵态氮 > 土壤全氮 > 土壤含水量 > 土壤 pH 值。

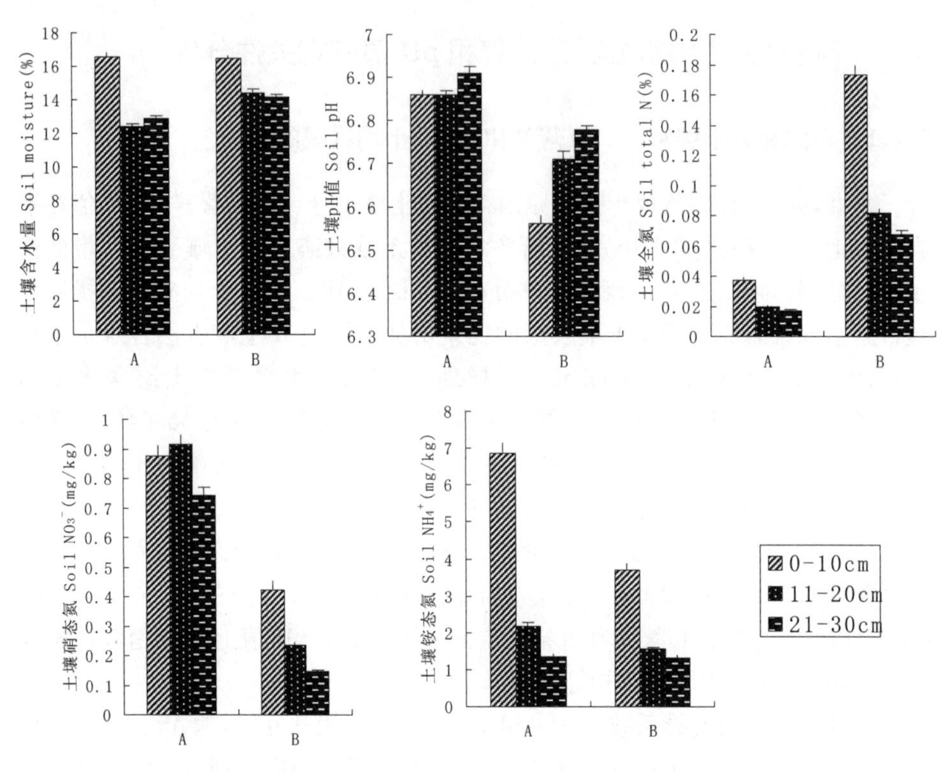

图 5-16　不同林分土壤水分、氮营养、pH 值的垂直分布特征

Fig. 5-16　Vertical distribution of soil characters

6.2.2　不同林分土壤水分、氮营养和 pH 值的相关性分析

土壤物理或化学特性的变异存在着关联性。砍伐干扰后引起植被的种类和组成上产生很大变化，以及地上凋落物总量和化学组成的不同，土壤养分、水分及养分间的相互关联性也会发生相应变化(谷加存等，2006)。通过计算同一空间位置处土壤各因子间的相关关系发现(表 5-11)，不同土壤因子之间存在一定的关联性，但关联性因干扰和不同土层等因素的影响而变得很不稳定。

表 5-11　土壤水分、氮营养和 pH 值的相关性分析

Tab. 5-11　The correlation matix of the soil moisture, soil nutrient and pH

(A－a)

项目 Items	土壤含水量 Soil moisture	土壤 pH 值 pH	土壤全氮 Tot. N	土壤硝态氮 NO_3^- －N	土壤铵态氮 NH_4^+ －N
土壤含水量	1.000				

（续）

项目 Items	土壤含水量 Soil moisture	土壤 pH 值 pH	土壤全氮 Tot. N	土壤硝态氮 NO_3^- − N	土壤铵态氮 NH_4^+ − N
土壤 pH	0. 035	1. 000			
土壤全氮	0. 208	−0. 246	1. 000		
土壤硝态氮	0. 133	0. 034	−0. 115	1. 000	
土壤铵态氮	0. 301	−0. 151	0. 453	0. 095	1. 000

（B − a）

项目 Items	土壤含水量 Soil moisture	土壤 pH 值 pH	土壤全氮 Tot. N	土壤硝态氮 NO_3^- − N	土壤铵态氮 NH_4^+ − N
土壤含水量	1. 000				
土壤 pH	−0. 279	1. 000			
土壤全氮	0. 265	−0. 171	1. 000		
土壤硝态氮	0. 392	0. 013	0. 253	1. 000	
土壤铵态氮	0. 223	−0. 126	0. 119	0. 045	1. 000

（A − b）

项目 Items	土壤含水量 Soil moisture	土壤 pH 值 pH	土壤全氮 Tot. N	土壤硝态氮 NO_3^- − N	土壤铵态氮 NH_4^+ − N
土壤含水量	1. 000				
土壤 pH	0. 080	1. 000			
土壤全氮	−0. 076	−0. 305	1. 000		
土壤硝态氮	0. 196	0. 127	−0. 062	1. 000	
土壤铵态氮	−0. 082	−0. 159	0. 293	0. 085	1. 000

（B − b）

项目 Items	土壤含水量 Soil moisture	土壤 pH 值 pH	土壤全氮 Tot. N	土壤硝态氮 NO_3^- − N	土壤铵态氮 NH_4^+ − N
土壤含水量	1. 000				
土壤 pH 值	−0. 195	1. 000			
土壤全氮	0. 268	−0. 197	1. 000		
土壤硝态氮	0. 375	0. 020	0. 272	1. 000	
土壤铵态氮	0. 065	−0. 023	−0. 109	0. 021	1. 000

（A－c）

项目 Items	土壤含水量 Soil moisture	土壤 pH 值 pH	土壤全氮 Tot. N	土壤硝态氮 NO_3^- －N	土壤铵态氮 NH_4^+ －N
土壤含水量	1.000				
土壤 pH	0.187	1.000			
土壤全氮	－0.164	－0.277	1.000		
土壤硝态氮	0.067	0.109	－0.120	1.000	
土壤铵态氮	－0.113	－0.234	0.245	0.114	1.000

（B－c）

项目 Items	土壤含水量 Soil moisture	土壤 pH pH	土壤全氮 Tot. N	土壤硝态氮 NO_3^- －N	土壤铵态氮 NH_4^+ －N
土壤含水量	1.000				
土壤 pH	－0.155	1.000			
土壤全氮	0.428	－0.209	1.000		
土壤硝态氮	0.304	－0.101	0.357	1.000	
土壤铵态氮	－0.078	0.050	－0.192	－0.007	1.000

未砍伐干扰林分（样地 B），土壤含水量与土壤全氮、土壤硝态氮、土壤铵态氮呈正相关关系，与土壤 pH 值呈负相关关系；砍伐干扰林分（样地 A），土壤含水量与土壤铵态氮、土壤 pH 值呈正相关关系，与全氮和铵态氮的正相关关系只在土壤的表层体现。土壤 pH 值与土壤全氮和铵态氮含量呈负相关关系，这种负相关可能是因为铵态氮被植物吸收后，释放 H^+，导致根际 pH 的降低所造成的（郭朝晖等，1999）；土壤 pH 值与土壤硝态氮呈正相关关系，研究表明低的 pH 值对硝化细菌的生长具有抑制作用，土壤硝化速率在 pH 低于 6.0 后显著下降（崔晓阳和宋金凤，2005），未砍伐干扰林分（样地 B）与砍伐干扰林分（样地 A）表现相同。不同形态氮素在不同干扰样地相关性也有一定差异，未砍伐干扰林分（样地 B），土壤全氮与硝态氮呈正相关，土壤表层全氮和土壤铵态氮呈正相关，土壤中层和下层呈负相关；砍伐干扰林分（样地 A），土壤全氮与硝态氮呈负相关，与铵态氮呈正相关，可能是由于采伐干扰对不同形态氮素之间的相关性既有促进作用，也有破坏作用。土壤铵态氮和硝态氮在砍伐干扰林分（样地 A）和未砍伐干扰林分（样地 B）中呈现为正向相关关系，研究表明硝态氮水平与铵态氮水平具有显著的直线相关关系，铵态氮的供应是调节硝化速率的一个重要因素（莫江明等，1997）。

6.2.3 不同林分土壤水分、氮营养的空间异质性

近年来，人们对不同生态系统土壤有效性养分的空间异质性尺度进行量化研究，研究的尺度为0.1~100 m(Farley & Fitte，1999)。地统计学的变异函数分析方法是分析土壤空间异质性最有效的方法之一(史舟和李艳，2006)。土壤性质的空间变异与许多因子有关，干扰与土壤养分的空间异质性关系会因为不同的养分属性有很大差异(韩有志等，2004)。

对土壤水分、氮营养和pH的模型拟合结果表明，未受砍伐干扰林分(样地B)土壤表层硝态氮含量和砍伐干扰林分(样地A)土壤表层铵态氮含量符合指数模型的变化趋势，砍伐干扰林分(样地A)土壤表层和中层土壤pH值符合直线模型的变化趋势，其余各因子均符合球状模型的变化趋势。

从基台值 C_0+C 来看，土壤含水量基台值在砍伐干扰林分(样地A)和未砍伐干扰林分(样地B)差别不大；土壤pH值和土壤全氮含量的基台值砍伐干扰林分(样地A)小于未砍伐干扰林分(样地B)；土壤硝态氮含量和土壤铵态氮含量的基台值砍伐干扰林分(样地A)大于未砍伐干扰林分(样地B)。进一步说明砍伐干扰影响下，不同土壤因子的空间变异性表现各异，研究结果为土壤硝态氮和铵态氮含量空间变异性有所增加，减小了土壤全氮含量和土壤pH值空间变异性，对土壤含水量空间变异性的影响不大。

从空间结构比 $C/(C_0+C)$ 来看，华北落叶松林中，除砍伐干扰林分(样地A)土壤pH值的空间结构比很小外，其余各因子的空间结构比在50%~99.9%之间，说明结构性因素在土壤各因子空间异质性形成中占有较大的比重。未砍伐干扰林分(样地B)土壤全氮含量99.9%的变异是由于空间结构性因素造成的，说明具有很强的空间自相关性；其余各因子都具有中等强度的空间自相关性。砍伐干扰林分(样地A)，空间结构比由大到小依次为：土壤含水量 > 土壤铵态氮 > 土壤硝态氮 > 土壤全氮 > 土壤pH值。未受砍伐干扰林分(样地B)，空间结构比由大到小依次为：土壤全氮 > 土壤含水量 > 土壤硝态氮 > 土壤pH值 > 土壤铵态氮。砍伐干扰增加了土壤表层含水量和铵态氮的空间自相关性；而降低了土壤pH值、全氮和硝态氮的空间自相关性。

土壤各因子空间自相关尺度在砍伐干扰林分(样地A)和未砍伐干扰林分(样地B)表现不同。砍伐干扰林分(样地A)，空间自相关尺度由大到小依次为：土壤硝态氮(71.68~81.0m) > 土壤pH值(33.6~81.0m) > 土壤铵态氮(15.15~81.0m) > 土壤含水量(10.84~72.93m) > 土壤全氮含量(11.25~36.94m)。未砍伐干扰林分(样地B)，空间自相关尺度由大到小依次为：土壤

铵态氮(>81.0m) >土壤含水量(26.32~81.00m) >土壤硝态氮(23.58~81.0m) >土壤pH值(6.78~81.0m) >土壤全氮含量(3.23~4.44m)。干扰促使土壤硝态氮、土壤全氮和土壤pH值的空间自相关尺度范围增加，相反土壤铵态氮、土壤含水量在砍伐干扰条件下空间自相关范围反而减小。

6.3 讨 论

6.3.1 不同林分土壤有效氮组成的差异

氮是植物必需的大量元素之一，通常植物在生长发育过程中吸收的氮要高于其他矿质元素，因而氮常成为限制植物生长的主要元素(莫江明等，1997)。土壤铵态氮和硝态氮是有效氮主要存在形式，也是植物从土壤中吸收氮素的主要形态。研究森林土壤有效氮动态及其影响因素对了解森林生产力、营养循环和氮素的循环和转化具有重要的意义。一些热带森林土壤有效氮含量的研究发现，由于硝化抑制或微生物对硝态氮的强烈吸收、固持作用，酸性、弱酸性的森林土壤中铵态氮含量远高于硝态氮，从而形成了以铵态氮占优势的"富营养生境"(崔晓阳和宋金凤，2005)。本研究寒温带针叶林林下土壤也表现相似的规律(表5-12)。硝态氮和铵态氮除了供应植物生长外，还有可能从林地中流失；两者比较，硝态氮更易从林地中流失。由于硝态氮带负电，易于从土壤尤其是阴离子交换能力差的土壤淋溶流失。硝态氮同样通过反硝化作用变为易挥发的气体而损失。因此在铵态氮占优势的林地，对于保

表5-12 土壤有效氮含量的比值

Tab. 5-12 The proportion of soil available nitrogen

土层深度 soil depth (cm)	样地 plot	硝态氮含量 $NO_3^- - N$	铵态氮含量 $NH_4^+ - N$	总有效氮含量 $NO_3^- - N + NH_4^+ - N$	$NH_4^+ - N/(NO_3^- - N + NH_4^+ - N)$
0~10	A	0.878	6.548	7.426	0.882
	B	0.382	3.172	3.554	0.892
10~20	A	0.916	2.175	3.091	0.704
	B	0.228	1.553	1.781	0.872
20~30	A	0.742	1.344	2.086	0.644
	B	0.140	1.154	1.294	0.892

护林地肥力，防止林地氮素流失具有重要的现实意义。从表5-12分析结果看，未砍伐干扰的林分(样地B)在不同土层都表现为较高的铵态氮比例，且在不同土层保持较稳定；砍伐干扰林分(样地A)铵态氮在总有效氮含量的比值小于未受砍伐干扰林分(样地B)，且随着土层深度的增加，比值减小。因此可以得出未砍伐干扰林分(样地B)在保持林地肥力和防止林地氮素流失方面的效果较砍伐干扰林分(样地A)好。

6.3.2 土壤水分、氮营养的空间异质性

20世纪80年代以来，地统计学方法成为研究土壤空间变异的最常用的方法。通过地统计学变异函数分析，表明华北落叶松林土壤水分、氮营养和pH值存在明显的空间变异规律。以往有关土壤物理性质和化学性质空间异质性研究内容很多(Norby *et al.*, 2004；武小钢等，2011)，但只是对土壤中的某一个元素如水分的空间异质性、全氮的空间异质性等进行单独研究，且研究的对象分异比较大，如对农田、某一个流域或草地等不同生态类型进行研究，另外研究的尺度有很大的差异，有的在景观尺度上进行研究，有的在小尺度上(几米、几十米)进行研究，基于以上的这些原因，使得土壤的空间异质性研究问题变得更为复杂。

本试验研究表明，土壤水分、氮营养和pH值各因子的空间结构比均表现为未砍伐干扰林分(样地B)大于砍伐干扰林分(样地A)，表明样地A受人为干扰的随机因素所占的比例较大，土壤pH值在样地A土壤上层和中层比值接近0，说明pH值在研究的整个尺度上的变异几乎是随机的。土壤表层含水量、土壤水分、土壤全氮含量的空间自相关尺度样均大于谷加存等(2005)和孙志虎等(2007)对水曲柳天然次生林和水曲柳人工林研究的结果，分析其原因主要是：一是研究林分物种不同，二是研究立地条件有很大差异，三是模型拟合效果的差异。砍伐干扰林分(样地A)和未砍伐干扰林分(样地B)均表现为有效养分空间自相关尺度大于全量养分，研究结果与水曲柳人工林土壤养分研究的结果一致。

6.4 结 论

(1)经典统计学分析表明，土壤含水量、土壤pH值、土壤全氮、土壤硝态氮在0~30cm土层变异系数范围看，表现为未砍伐干扰林分(样地B)大于砍伐干扰林分(样地A)；土壤铵态氮相反，表现为砍伐干扰林分(样地A)大于未砍伐干扰林分(样地B)，但其差异不大。土壤水分、氮营养和pH值变异

强度各异，土壤 pH 值在砍伐干扰林分和未砍伐干扰林分中均表现弱变异，土壤含水量均表现中等变异，土壤全氮含量、土壤硝态氮含量和土壤铵态氮含量均表现强变异。土壤水分、养分变异性由大到小依次为土壤硝态氮 > 土壤铵态氮 > 土壤全氮 > 土壤含水量 > 土壤 pH 值。

(2)在砍伐干扰林分(样地 A)中，土壤水分和铵态氮含量更多地富集在土壤的表层，样地 A 土壤表层含水量和铵态氮含量分别占总土层的 39.55% 和 66.07%；未砍伐干扰林分(样地 B)表层分别占 36.52% 和 56.34%。受砍伐干扰的影响，土壤全氮和硝态氮表层的含量降低，未砍伐干扰林分(样地 B)土壤表层分别为 53.79% 和 52.76%，砍伐干扰林分(样地 A)分别为 50.64% 和 34.62%。不同土层铵态氮在总有效氮中的比例表现为未砍伐干扰林分(样地 B)大于受砍伐干扰林分(样地 A)。

(3)不同林分样地和不同土层对土壤含水量、土壤 pH 值、土壤全氮、土壤硝态氮和土壤铵态氮之间的相互关系有重要的影响。在砍伐干扰林分(样地 A)和未砍伐干扰林分(样地 B)中，土壤铵态氮和硝态氮在不同样地和不同土层均呈现正相关关系；土壤 pH 值在不同样地和不同土层与土壤全氮和铵态氮呈负相关关系，与土壤硝态氮呈正相关关系。

(4)砍伐干扰林分(样地 A)土壤表层(0 ~ 10cm)pH 值的空间分布表现随机分布的特性，其余养分因子空间分布符合球状模型和指数模型的分布趋势。林分受砍伐干扰后土壤硝态氮含量和铵态氮含量的空间变异性增强，土壤全氮含量和土壤 pH 值空间变异性有所降低，含水量的空间变异性变化差异不大。土壤各因子的空间自相关尺度和空间相关性强弱因在不同样地差别很大，林分受砍伐干扰后土壤硝态氮含量、全氮含量和 pH 值的空间自相关尺度范围增加，相反，土壤铵态氮含量、土壤含水量在干扰样地空间自相关范围反而减小。土壤全氮含量和土壤 pH 值的空间自相关性在砍伐干扰林分中明显降低。

第6章 华北落叶松细根生物量对土壤水分、氮营养异质性的响应

植物和土壤资源之间存在着复杂的反馈关系，根系生物量和土壤水分、养分在空间变异性上是相互联系和相互制约的，是森林生态系统过程的重要内容(Lechowicz *et al.*，1991；Lister *et al.*，2000；Gallardo，2003)。由于土壤资源有效性在空间分布上的差异和外界环境条件的变化，会对细根生物量的空间异质性产生很大的影响；土壤水分、养分直接影响细根活力和碳水化合物的分配，从而影响树木细根的生产和周转(Fahey & Hughes，1994；张小全，2001)。国内外学者对细根生长对环境条件的反应做了大量研究，Vogt 等(1996)通过收集的大量研究数据分析，发现气候因子和养分状况是决定细根生物量的重要因素，而细根生产则主要受养分条件的控制。赵忠等(2004)对渭北主要造林树种细根生长季分布于土壤密度关系研究表明，不同树种根系的生长和发育与土壤密度的相关性关系表现有差异。通过研究黄土高原不同演替阶段草地植被细根垂直分布特征与土壤环境的关系表明，土壤含水量在草本植被的不同演替阶段均是影响细根垂直分布的关键因素，而土壤容重在演替早期对草本植被根系的影响较小(韦兰英和上官周平，2006)。杨丽韫等(2007)对长白山原始阔叶红松(*Pinus koraiensis*)林及其次生林细根垂直分布与多种环境因子的偏相关分析表明，土壤容重、水分和土壤中的 C 和 N 的含量是影响细根垂直分布的主要因子，而土壤温度对细根垂直分布则没有显著影响。研究表明，柠条(*Caragana korshinskii*)细根现存量季节变化与≥10℃积温、同期土壤积温和降雨量均存在极显著正相关关系(荀俊杰等，2009)。

华北落叶松是华北山地针叶林的主要建群树种，在生产上具有重要的战略意义。研究表明，林分被干扰后，在植被的演替和恢复过程中，植物群落组成、林分结构、土壤理化性质和养分含量都会发生相应的变化，会对细根生物量的空间异质性产生很大的影响(Fahey & Hughes，1994；谷加存等，2005)。有关采伐干扰对华北落叶松林下土壤水分、养分和细根生物量空间异质性的影响已有相关研究报道(杨秀云等，2011，2012)。本研究拟在以上研究的基础上，分析采伐干扰造成的土壤水分、氮营养异质性的变化对细根生

物量的变异会产生什么影响？研究结论为进一步解释森林地下生态系统的空间异质性格局及生态学过程提供一定的理论基础。

1　材料和方法

1.1　研究地概况

样地概况、试验设计、样本采集和土壤分析同第 4 章。

1.2　数据统计分析

1.2.1　细根生物量与土壤水分、氮营养的偏相关分析

在对多元相关变量进行相关性分析时，多元相关变量间的相关性是比较复杂的，偏相关是固定其他相关变量不变研究两个相关变量间相关性的统计分析方法，能真实地反映两个变量的本质联系。偏相关系数(r)是用来表示两个相关变量偏相关的性质与程度的统计量；偏相关系数的绝对值越大，表示偏相关程度越强。

1.2.2　细根生物量与土壤水分、氮营养的空间异质性关系

细根生物量及土壤水分、养分变异函数值的取值使用 GS + Win7. 0 软件进行。变异函数值(semivariogram) 用 $r(h)$来表示，为区域化变量 $Z(x_i)$和 $Z(x_i+h)$增量平方的数学期望，即区域化变量的方差。其通式为：

$$r(h) = \frac{1}{2N(h)} \sum_{I=1}^{N(h)} [Z(x_i) - Z(x_i + h)]^2$$

式中，$r(h)$为变异；h 为步长，即为减少各样点组合对的空间距离个数而对其进行分类的样点空间间隔距离；$N(h)$为距离为 h 的点对的数量；$Z(x_i)$和 $Z(x_i+h)$分别为变量 Z 在空间位置 x_i 和 x_i+h 的取值。

用 Excel 2003 做细根生物量变异函数值与土壤水分、养分变异函数值的线性回归分析，回归所得的 R^2 为空间变异的解释量(王海涛，2007；杜锋，2008)。

1.2.3　多元线性回归分析

进行土壤水分、氮营养与华北落叶松细根生物量变异值的多元线性回归

分析，对土壤各因子的综合效应和每个因子的单独效应进行显著性检验，进而评定土壤各因子对细根生物量的相对重要性。

2　细根生物量与土壤水分、氮营养的关联性

2.1　细根生物量与土壤水分、氮营养的偏相关分析

华北落叶松细根生物量与土壤含水量、pH 值、全氮、硝态氮、铵态氮含量偏相关分析结果表明(表 6-1)，细根生物量与土壤各因子均表现为正向相关关系，在不同林分样地、不同土层相关性的强弱表现各异，其中土壤含水量与细根生物量的相关性显著。

0～10cm 土层，样地 A，≤1mm 细根生物量与土壤含水量、全氮和硝态氮相关性显著；样地 B，≤1mm 细根生物量与土壤含水量、全氮和 pH 相关性显著。10～20cm 土层，样地 A，≤1mm 细根生物量与土壤含水量、铵态氮相关性显著；样地 B，≤1mm 细根生物量与土壤含水量、全氮相关性显著。20～30cm 土层，样地 A，≤1mm 细根生物量与土壤含水量和硝态氮相关性显著；样地 B，≤1mm 细根生物量与土壤含水量相关性显著。

0～10cm 土层，样地 A，1～2mm 细根生物量与土壤含水量和硝态氮相关性显著；样地 B，1～2mm 细根生物量与土壤含水量和铵态氮相关性显著。10～20cm 土层，样地 A，1～2mm 细根生物量与土壤全氮、铵态氮相关性显著；样地 B，1～2mm 细根生物量与土壤含水量、全氮和硝态氮相关性显著。20～30cm 土层，样地 A，1～2mm 细根生物量与土壤全氮、铵态氮、pH 值相关性显著；样地 B，1～2mm 细根生物量与土壤含水量相关性显著。

表 6-1　华北落叶松林细根生物量与土壤水分、氮营养和 pH 值的偏相关系数

Tab. 6-1　The partial correlation between fine root biomass and soil moisture, nitrogen and pH

样地 Plot	细根径级 Fint root	土层深度 Soil depth(cm)	土壤含水量 Soil moisture	土壤全氮 Total N	土壤硝态氮 Soil NO_3^-	土壤铵态氮 Soil NH_4^+	土壤 pH 值 Soil pH
A	≤1mm	0～10	0.328**	0.109**	0.078*	0.050	0.021
		10～20	0.227**	0.022	0.101	0.166**	0.010
		20～30	0.128**	0.114	0.134**	0.036	0.059
	1～2mm	0～10	0.258**	0.041	0.091**	0.020	0.069
		10～20	0.030	0.097**	0.105	0.162**	0.083
		20～30	0.142	0.186**	0.041	0.185**	0.153**

（续）

样地 Plot	细根径级 Fint root	土层浓度 Soil depth(cm)	土壤含水量 Soil moisture	土壤全氮 Total N	土壤硝态氮 Soil NO_3^-	土壤铵态氮 Soil NH_4^+	土壤 pH Soil pH
B	≤1mm	0～10	0.207 **	0.156 **	0.102	0.009	0.104 *
		10～20	0.277 **	0.095 **	0.055	0.007	0.038
		20～30	0.248 **	0.023	0.051	0.040	0.077
	1～2mm	0～10	0.080 **	0.032	0.050	0.170 **	0.007
		10～20	0.254 **	0.119 **	0.164 **	0.091	0.016
		20～30	0.188 **	0.0226	0.0676	0.0166	0.0126

注：* 表示显著相关，* * 表示极显著相关。

2.2 细根生物量与土壤水分、氮营养的空间异质性关系

不同林分样地和不同土层土壤各因子的空间变异对细根生物量空间变异的影响差异较大(图 6-1)。0～10 cm 土层，样地 A，土壤含水量、全氮和 pH 值的空间变异分别可以解释 19.92%、18.27% 和 17.11% 的细根(≤1mm)生物量的空间变异；样地 B，土壤铵态氮、pH 值和土壤含水量分别可以解释 49.03%、37.64% 和 18.94% 的细根生物量的空间变异。样地 A，土壤铵态氮和硝态氮分别可以解释 39.03% 和 35.50% 的细根(1～2mm)生物量的空间变异；样地 B，各土壤因子对细根生物量的影响较小。

10～20cm 土层，样地 A，土壤 pH 值可以解释 29.6% 的细根(≤1mm)生物量的空间变异；样地 B，土壤全氮可以解释 65.83% 的细根(≤1mm)生物量的空间变异。样地 A，土壤硝态氮、土壤含水量、土壤全氮和土壤 pH 值分别可以解释 77.18%、59.89%、53.75% 和 22.77% 的细根(1～2mm)生物量的空间变异；样地 B，土壤全氮可以解释 13.78% 的细根生物量的变异。

20～30cm 土层，样地 A，土壤含水量、全氮、硝态氮和 pH 值对细根的影响较大，分别可以解释 69.65%、57.61%、53.30% 和 50.29% 的细根(≤1 mm)生物量的空间变异；样地 B 中其影响较小。样地 A，土壤含水量、硝态氮、全氮分别可以解释 54.92%、53.42% 和 45.4% 的细根(1～2mm)生物量的空间变异；样地 B，土壤 pH 值、全氮和铵态氮分别可以解释 71.45%、61.46% 和 41.79% 的细根变异。

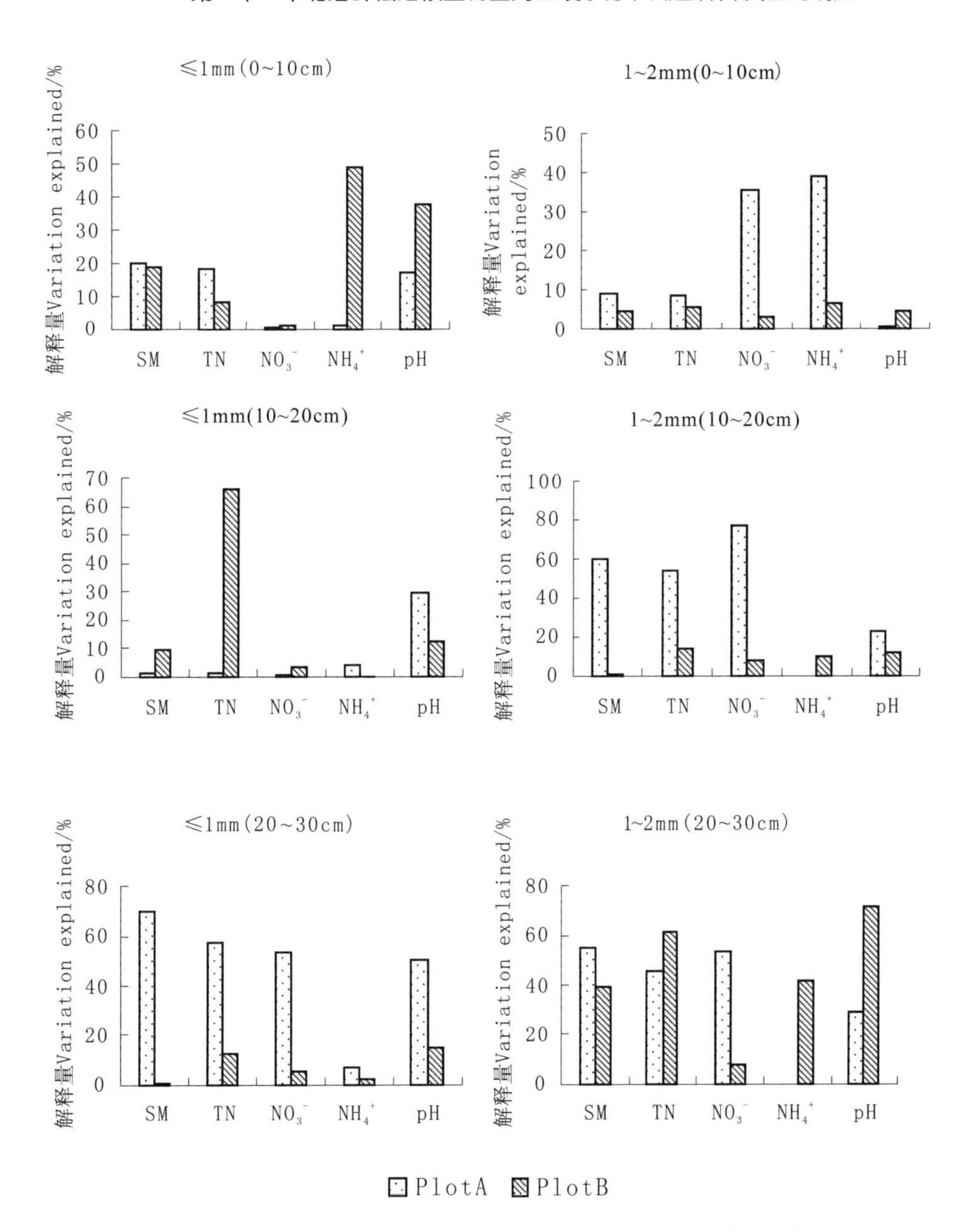

图6-1 土壤水分、氮营养、pH对细根生物量空间变异的解释量

Fig. 6-1 Explained variations in semivariance of fine root biomass by soil characters

3 讨 论

3.1 细根生物量与土壤水分、氮营养变异的多元线性回归分析

从多元线性回归的决定系数 R^2 看(表 6-2)，土壤水分、氮营养空间变异对细根生物量空间变异的决定系数 R^2 变化复杂，变化范围较大。从土壤各因子空间变异对细根生物量空间变异的综合效应分析看，0~10cm 土层，≤1mm 细根生物量在两个林分中的空间变异受土壤各因子综合效应的影响显著；1~2mm 细根生物量在采伐干扰样地 A 中的空间变异受土壤各因子综合效应的影响显著，而在未采伐干扰样地 B 中不显著。10~20cm 土层，≤1mm 细根生物量在两个不同林分中的空间变异受土壤各因子综合效应的影响均不显著；1~2mm 细根在两个不同林分中生物量的空间变异受土壤各因子综合效应的影响显著。20~30cm 土层，≤1mm 细根生物量在采伐干扰样地 A 中的空间变异受土壤各因子综合效应的影响显著；1~2mm 细根生物量在两个样地中的空间变异受土壤各因子综合效应的影响均达到显著水平。

表 6-2 土壤水分、氮营养变异函数与细根生物量变异函数多元线性回归系数

Tab. 6-2 Multi – regression coefficients of the semivariance of soil characters and fine root biomass

细根径级 Fine root	土层深度 Soil depth (cm)	样地 Plot	土壤含水量 Soil moisture	土壤 pH Soil pH	土壤全氮 Total N	土壤硝态氮 Soil NO_3^-	土壤铵态氮 Soil NH_4^+	R^2	F 检验值 F – test
≤1mm	0~10	A	2.085 *	−0.383	0.044	−0.108	−1.686 **	0.732	8.170 *
		B	−0.195	−0.054	−0.053	0.962 **	0.146	0.842	15.233 **
	10~20	A	−0.063	0.766 **	−0.860	1.172	0.082	0.195	1.388
		B	0.354	−0.345	0.743	−0.834 **	−0.073	0.338	2.120
	20~30	A	0.812	0.040	0.245	−0.217	0.004	0.642	5.618 *
		B	−0.866	0.537	0.377	0.053	−0.120	0.142	1.178
1~2mm	0~10	A	1.005	0.077	−0.088	−0.232	−1.346 *	0.693	6.896 *
		B	0.230	0.765 *	0.436	−0.641	−0.354	0.259	1.679
	10~20	A	−0.312	0.134	0.344	−0.871	0.139	0.785	10.66 **
		B	−0.087	−0.257	0.725 *	−0.535	0.443	0.569	4.326 *
	20~30	A	−0.576	0.504	−0.143	−0.590	−0.043	0.645	5.681 **
		B	−0.151	0.820 **	0.452 **	−0.520 **	0.199	0.906	27.17 **

注：* 表示差异显著，* * 表示差异极显著。

总体分析来看，在采伐干扰林分(样地A)中，细根生物量的空间变异受土壤含水量、pH值、全氮、硝态氮和铵态氮含量空间变异的综合效应影响效果较显著，表明细根生物量的空间分布更多地受控于多种环境因子综合作用的影响；在未干扰样地B中，细根生物量的空间变异受土壤各因子单独效应的影响较大，其中土壤含水量、全氮和硝态氮的空间变异对细根生物量空间变异有较大的影响，如果其中的一个因子发生变化就会造成细根生物量空间分布的差异。

3.2　土壤水分、氮营养、pH值与细根生物量异质性的关联性

已有研究表明，森林采伐对土壤水分和养分的空间异质性有很大的影响，干扰改变了林分结构和覆盖物的分布，进而影响到土壤水分含量的变化及其空间异质性的改变，但研究的结论并不一致，与不同森林类型及原有林地植被有很大的关系(Hutchings *et al.*，2003；Guo *et al.*，2002 ；Alder & Lauenroth，2000)。当土壤有效水分空间异质性很明显时，根系或许通过在贫水斑块中增生的策略来获取水分；或许通过向富水斑块延伸扩展的策略，以便吸收水分，结果导致在富水斑块根系生物量增加(Wullschleger *et al.*，2001；Gallardo *et al.*，2003)。对干扰对华北落叶松林土壤含水量的空间异质性的变化研究表明，受采伐干扰样地A土壤含水量降低，土壤含水量的异质性程度也降低，主要呈现较小尺度的空间变异；未采伐干扰样地B各土层含水量具有较明显的空间异质性特征(杨秀云等，2011)。本研究结果表明，受采伐干扰样地细根生物量与土壤含水量空间异质性的关联性较未采伐干扰样地有所增强，由于采伐干扰导致土壤含水量降低，土壤水分成为根系生长的关键限制因子，在很大程度上制约细根的空间分布格局。

在森林生态系统中，土壤氮素营养(土壤全氮和有效氮)与根系生物量、根系生长和周转的关系密切，已有研究表明在有的林分中增加氮素可明显促进细根生长，而在另一些林分，增加氮素对细根生长产生负作用，使得细根生物量减小(崔晓阳等，2005)。采伐干扰造成地表枯落物分解减少，补充到土壤中的有机质含量会减少；同时地表植被的破坏，使土壤侵蚀增强，造成有机质含量的下降，进而影响土壤全氮的含量(周正朝等，2005)。采伐干扰对华北落叶松林土壤全氮空间变异的研究表明，受采伐干扰后土壤全氮含量降低，只有未采伐干扰样地的20.75%，且土壤全氮含量的空间异质性程度较低(杨秀云等，2011)。本研究结果表明，华北落叶松细根生物量与土壤全氮变异函数在样地A和B中均表现为正的相关性，表明在土壤全氮含量丰富的

斑块中细根的生物量也较大。在受采伐干扰样地 A，细根生物量与土壤全氮含量变异函数的关联性增强，说明在氮素缺乏时，细根对养分异质性的反应更趋于敏感，养分的利用效率越高。

树木根系对有效性氮有偏向选择性的特点，造成不同林分细根空间变异对土壤有效氮变异的响应发生变化(方运霆，2004)。林分受到采伐干扰后，土壤有效氮组成会因为光照、水分、温度、凋落物量、土壤动物及微生物的变化而受到影响，异质性程度会增加(崔晓阳等，2005)。研究表明采伐干扰对华北落叶松林下土壤硝态氮和铵态氮含量及其空间异质性有很大影响，林分受采伐干扰后土壤硝态氮和铵态氮含量明显增加，空间变异程度加大，且形成以铵态氮占优势的“富营养生境”(杨秀云等，2011)。华北落叶松细根生物量与土壤有效氮异质性的关联性分析表明，细根生物量与土壤硝态氮变异函数关联性表现较复杂，由于土壤硝态氮的反硝化作用及微生物对硝态氮的强烈吸收等原因，很容易从土壤中淋溶流失，因此分析土壤硝态氮与细根生物量之间的关系变得更为困难。而细根生物量空间变异与土壤铵态氮变异函数在样地 A 和样地 B 均表现弱的关联性。

已有研究表明，土壤 pH 值的空间变异与土壤微生物活动、植被分布的空间格局及土壤养分状态和有效性有密切的联系(Nowtony *et al.*，1998；Hutchinson *et al.*，1999)。研究表明采伐干扰会造成华北落叶松林 A 土壤 pH 值一定程度升高，空间自相关变异减少，而随机性变异增强，主要由于土壤 pH 值受人为干扰因素的影响变化很大，干扰促使样地内的植被等因子的同质性增强，进而减小了变异(杨秀云等，2011)。本研究结果表明，土壤表层(0～10cm)华北落叶松细根生物量与土壤 pH 值的关联性较弱，表明华北落叶松在适宜生境条件下，土壤 pH 值变化不是影响表层细根的生长的主导因子。

4 结 论

(1)采伐干扰样地 A 和未采伐干扰样地 B，细根生物量空间异质性与土壤含水量空间异质性均呈现明显关联性，说明在本研究区的华北落叶松林，土壤水分是影响林木细根分布的重要因素，在很大程度上制约细根的空间分布格局。

(2)土壤全氮含量与华北落叶松细根生物量之间均存在明显的关联性，在土壤全氮含量丰富的斑块中细根的生物量也较大。在未采伐干扰样地 B，土壤全氮异质性与细根生物量异质性之间的关联性程度较小；采伐干扰样地 A，全氮含量异质性与细根量异质性之间的关联性程度增强。

(3)华北落叶松细根生物量与土壤有效氮(硝态氮和铵态氮)异质性之间的关联分析表明，细根生物量与土壤硝态氮之间有较明显的关联性，在土壤硝态氮含量富集的斑块，细根生物量分布也较多。尤其是在采伐干扰样地 A，细根生物量与土壤硝态氮之间的关联程度更加明显。细根生物量空间变异与土壤铵态氮空间变异之间存在弱的关联性。

(4)由多元线性回归分析结果表明，采伐干扰样地 A 细根生物量的空间分布更多地受控于多种环境因子综合作用；未采伐干扰样地 B 细根生物量的空间变异受土壤单个因子单独效应的影响更大一些，其中土壤水分、全氮和硝态氮的空间变异对细根生物量空间变异有较大的影响。

总体看来，华北落叶松细根生物量与土壤水分异质性之间的空间关联性较明显，和土壤氮营养环境异质性之间也存在一定的关联性。在土壤含水量相对高、土壤氮营养相对丰富的斑块中细根生物量表现出增生特性。林分受到采伐干扰后，细根生物量与土壤水分、养分异质性之间的关联性更趋于明显。

第7章 林下草本根系生物量与土壤异质性关系

根系在吸收养分和水分的过程中要消耗大量的光合产物，是植物体内主要消耗C的“汇”，影响生态系统净初级生产力的地上和地下分配格局(贺金生等，2004；Jackson *et al.*，1997)。土壤养分的空间异质性普遍存在于自然生态系统中，其空间尺度变化较大，可达到植物根系感知的范围(Farley & Fitter，1999；王庆成等，2004)。植物根系分布格局具有不均衡性，与土壤环境有效资源不均衡性相应(Stewart *et al.*，2000)。

干旱区及半干旱区乔木层和草本层之间的关系一直是研究的热点；一般乔木在有效利用水分、矿物质、有机质等方面往往具有优势，并对群落中营养物质的异质分布、林下草本植物的生产力有重要影响；同时林下植物的生长形态及空间分布特征也会表现出对上层林木覆盖形成的微生境的适应(张琴妹等，2007)。林分内的灌木和草本在维护森林多样性、促进森林生态系统养分循环、维持立地生产力等方面，具有重要的作用(潘攀等，2007)。有关华北落叶松林下草本灌丛根系生物量的季节动态和分布已有相关报道(杨秀云等，2005，2007，2009，2012)。林下灌丛草本根系与落叶松根系互相交错镶嵌而生，两者都具有高度的空间异质性，土壤水分、养分的空间异质性对草本根系生物量的空间异质性有很大影响(杨秀云等，2009，2012)。

本研究以华北落叶松人工林下灌丛草本根系为对象，应用地统计学中的空间格局分析理论和方法，定量描述土壤环境空间异质性结构特征及草本根系生物量的空间分布特征，估计土壤环境空间异质性与根系生物量分布格局之间的空间协同变异。研究结论对深刻理解土壤与植被之间复杂关系提供科学的依据，对于生态系统研究和经营管理也具有重要的理论价值和实际意义。

1 自然概况及研究方法

1.1 自然概况及样地基本情况

自然概况、取样方法和土壤理化因子的测定方法同第4章。

地带性林下灌丛植物主要有忍冬、土庄绣线菊、灰栒子、荚蒾、山刺玫和蔷薇等；林下草本植物主要有苔草、早熟禾、矮卫矛、糙苏、草问荆、红花鹿蹄草、舞鹤草、铃兰、景天、马先蒿等。

1.2　根系生物量的测定

取回的根系样品放入冰箱内保存。每个样品先用清水进行浸泡，待土块松软后，用筛孔为0.2mm的筛子反复淘洗。洗净后放入蒸发皿中，用镊子将华北落叶松根系(≤2mm)和草本灌丛根系分拣出，放入纸袋中标记。在80℃温度下烘干至恒重，然后用0.001g电子天平称重。再用以下公式换算成根系生物量($g \cdot m^{-2}$)值。

$$草木根系生物量(g \cdot m^{-2}) = 平均每个土芯根干重(g)/[\pi(\Phi/2)^2 \times (m^2 \cdot 10^4 cm^{-2})] \tag{1}$$

式中 Φ(Φ = 7.0cm)为土钻的内径。

1.3　数据分析

采用经典的统计方法(SPSS12.0统计软件)计算各样点的土壤水分含量、全氮和根系生物量的统计学特征值，比较不同样点间的差异性。

变异函数分析通过地统计软件 GS^+5.1 for windows Professional 来完成。

2　林下草本根系生物量的空间异质性

草本根系生物量的描述统计结果(表7-1)表明，受采伐干扰样地A草本根系生物量的均值为31.17g/m^2，明显小于未干扰样地的均值(72.01g/m^2)，采伐干扰造成林下草本根系生物量减少。两个样地内草本根系生物量均随土层深度的增加而减少，土壤各层次草本根系生物量的差异极显著($P<0.01$)，其中60%以上根系分布于土壤表层。样地A变异系数(170%~306%)明显高于样地B(89%~169%)，表明由于受采伐干扰影响草本根系生物量表现出较大变异。从不同土层细根生物量的波动范围比较，未受采伐干扰样地土壤上层根系生物量的波动范围较大(0~926.56 g/m^2)，而受采伐干扰样地土壤中层根系生物量的波动范围较大(0~815.29 g/m^2)。

表 7-1 草本根系生物量的统计分析

Tab. 7-1 Statistics of root biomass of herb understory

样地 Plot	土层深度 Soil depth (cm)	平均数 Mean	中位数 Median	标准差 Std. deviation	方差 Variance	变异系数 Cv(%)	最小值 Min	最大值 Max	偏度 Skewness	峰度 Kurtosis	*K*-*S* 值 *K*-*S* value
A	0~10	60.148	23.138	102.44	10493.96	170	0.000	712.336	3.46	15.99	10.81
	10~20	21.539	7.019	65.86	4337.66	306	0.000	815.287	10.24	120.55	0.53
	20~30	11.825	2.860	36.07	1301.37	305	0.000	437.280	9.58	109.94	22.63
B	0~10	127.82	107.370	114.367	13079.71	89	0.00	926.56	2.90	14.46	0.47
	10~20	61.76	36.01	92.75	8603.21	150	0.00	863.38	5.38	37.91	29.01
	20~30	26.45	10.14	44.61	1989.86	169	0.00	272.46	3.36	12.88	2.35

变异函数的分析结果(表 7-2)表明，两样地理论模型拟合均符合球状模型(spherical)的变化趋势。受采伐干扰样地 A 土壤表层根系生物量表现较强的空间异质性($C_0+C=31330.0$)和空间自相关性[$C/(C_0+C)=92.5\%$]；而未采伐干扰样地各土层空间结构比均在 25%~75%，表现中等的空间自相关性。两个样地草本根系生物量的空间异质性均表现为随土壤深度的增加而减小的趋势。在变异函数分析基础上，对根系进行各向同性的分维数(D)计算，未采伐干扰样地 B 分维数均值大于样地 A，表明其空间分布格局的复杂程度较高，由随机因素引起的异质性占的比例较大；而样地 A 空间依赖性较强。

表 7-2 林下草本根系生物量的变异函数参数

Tab. 7-2 Parameters of semivariogram for root biomass of herb understory

样地 Plot	土壤层次 Soil depth (cm)	变异函数模型 Variogram model	块金值 Nugget (C_0)	基台值 *Sill* (C_0+C)	结构方差比 [$C/(C_0+C)$]	变程 Range (a_0)	分维数 (D)	决定系数 (R^2)	残差平方和 (RSS)	*F* 检验 *F* test
A	0~10	Spherical	2350.0	31330.0	0.925	74.07	1.606	0.718	2.158E+08	223.19**
	10~20	Spherical	225.0	960.9	0.766	70.86	1.855	0.904	40608.0	816.07**
	20~30	Spherical	237.30	474.70	0.500	81.00	1.981	0.002	114295.0	0.17
B	0~10	Spherical	9990.0	20990.0	0.524	73.87	1.923	0.479	8.684E+07	80.59**
	10~20	Spherical	1174.0	2349.0	0.500	81.00	1.978	0.199	725340.0	19.56**
	20~30	Spherical	1738.0	3477.0	0.500	81.00	1.970	0.209	2.576E+06	21.05**

3　草本根系生物量与土壤养分各因子空间异质性的关联性

3.1　草本根系生物量与土壤含水量空间异质性的关联性

草本根系生物量与土壤含水量变异函数值的相关性分析结果(图7-1)表明，草本根系生物量与土壤含水量均表现正的相关性。0～10 cm土层，受采伐干扰样地土壤含水量的空间变异可以解释37.37 %的根系生物量空间变异(R^2 = 0.3737)，样地B表现较弱的相关性(R^2 = 0.1165)。10～20cm土层，受采伐干扰样地土壤含水量与根系生物量表现较强的相关性，土壤含水量的空间变异可

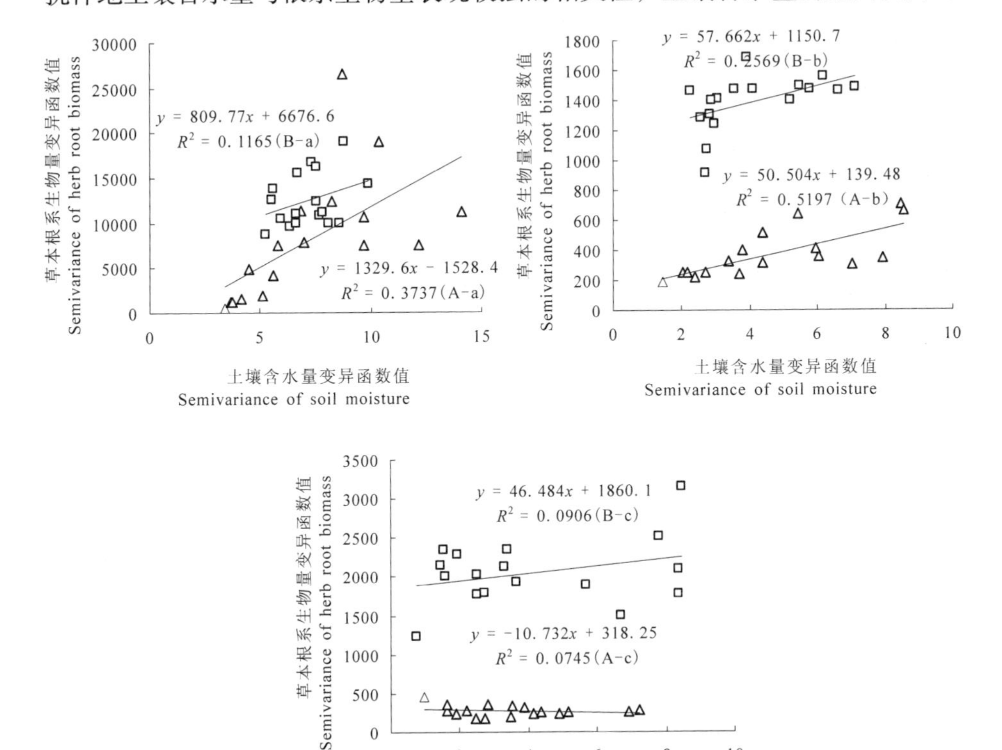

图7-1　林下草本根系生物量与土壤含水量变异函数关系图

Fig. 7-1　Relationship between semivariance of soil character and root biomass of herb

注：A，B分别表示样地A和样地B；a，b，c分别表示0～10cm，10～20cm，20～30cm土层

Note：A，B represent plot A and plot B；a，b，c represent 0～10cm，10～20cm and 20～30cm soil depths respectively

以解释 51.97% 的根系生物量的空间变异，而样地 B 相关性较弱(R^2 = 0.2569)。总体分析表明，受采伐干扰样地 A 草本根系生物量与土壤含水量的相关性较样地 B 明显，说明林分受到采伐干扰后，水分对细根生物量的影响增强。

3.2 草本根系生物量与土壤全氮空间异质性的关联性

草本根系生物量与土壤全氮变异函数值的相关性分析结果(图 7-2)表明，各土层的草本根系生物量与土壤全氮的相关性均表现为受采伐干扰样地 A 要明显强于未采伐干扰样地 B。其中 10~20cm 土层相关性最明显，在受采伐干扰样地 A 中土壤全氮的空间变异可以解释 64.43% 的根系生物量的空间变异，而样地 B 相关性较弱(R^2 =0.0114)。

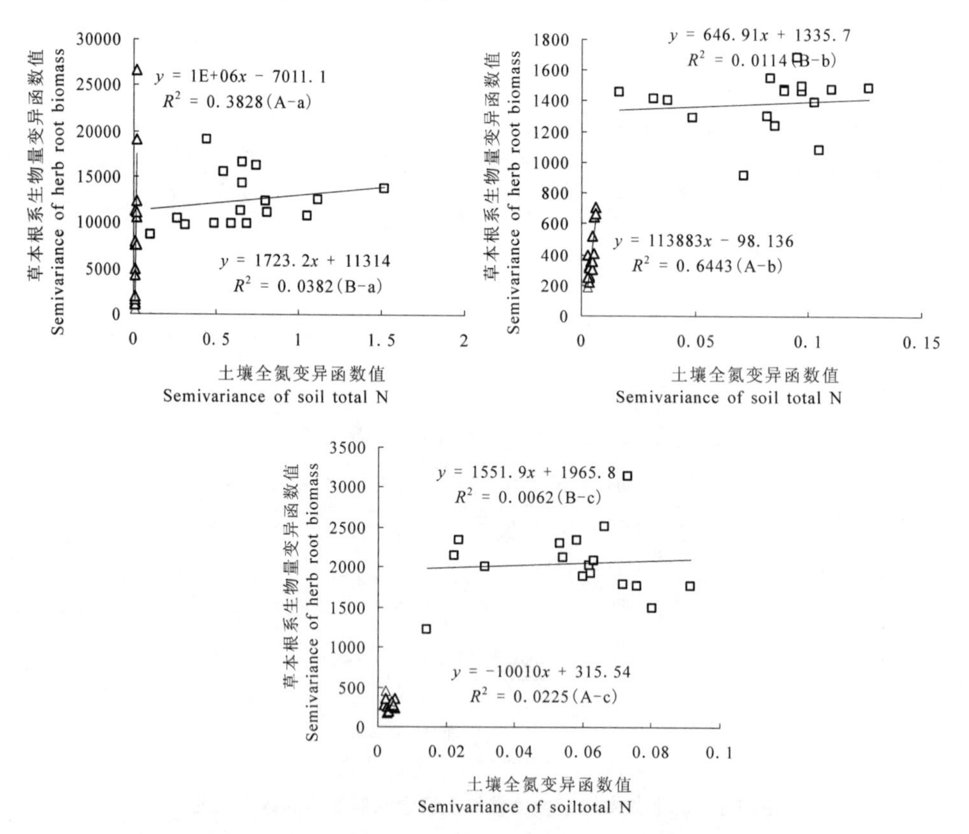

图 7-2　林下草本根系生物量与土壤全氮半方差函数关系图

Fig. 7-2　Relationship between semivariance of soil total N and root biomass of herb

3.3 草本根系生物量与土壤有效氮空间异质性的关联性

分析表明(图7-3)，0~10cm土层，草本根系生物量与土壤硝态氮和铵态

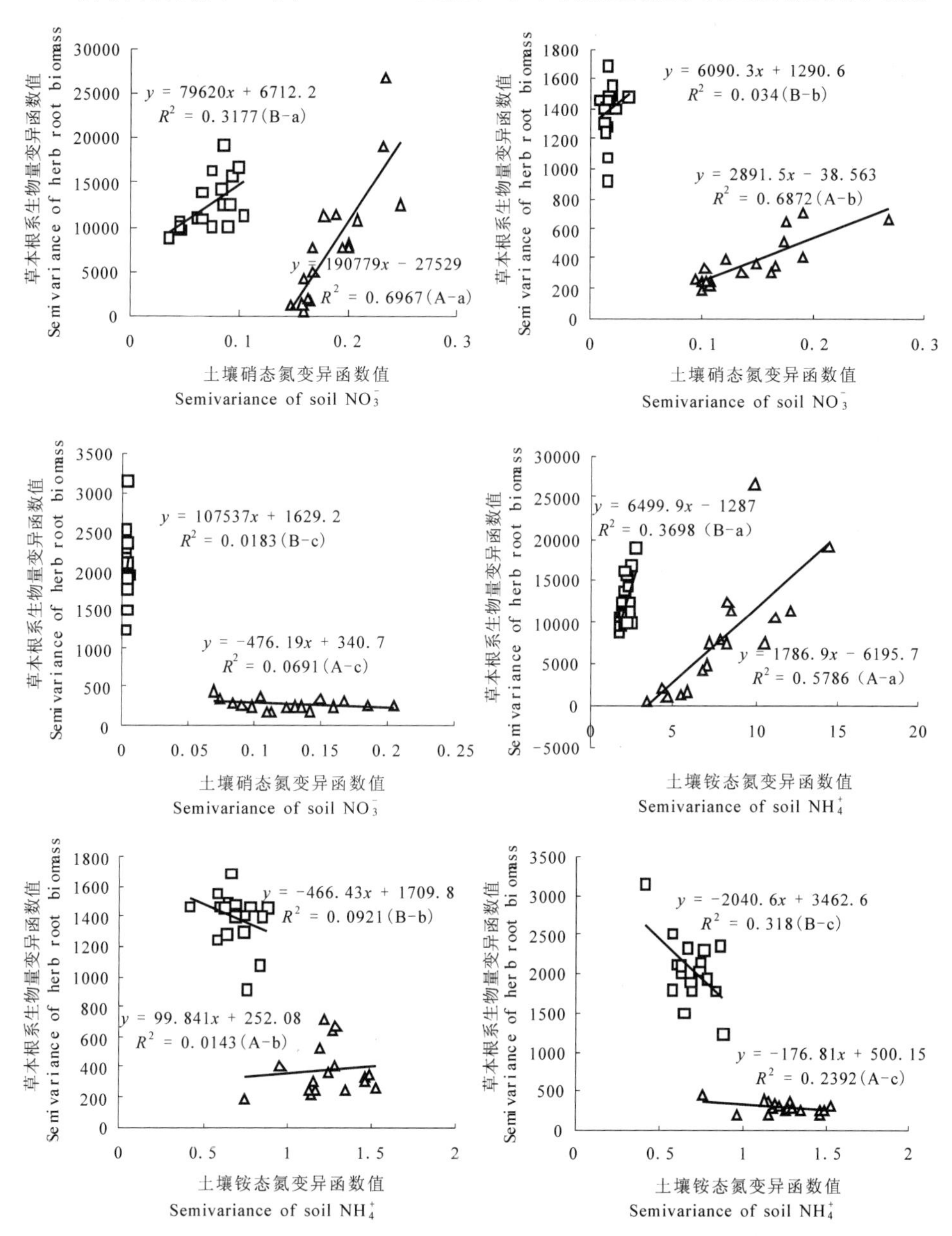

图7-3　林下草本根系生物量与土壤有效氮变异函数关系图

Fig. 7-3　Relationship between semivariance of soil NO_3^-/NH_4^+ and root biomass of herb

氮在样地 A 中表现强的相关性，分别可以解释 69.67% 和 57.86% 的草本根系生物量的空间变异，在样地 B 中表现弱的相关性。10～20cm 土层，样地 A 土壤硝态氮与草本根系生物量表现较强的相关性($R^2=0.6872$)，样地 B 表现弱的相关性($R^2=0.034$)；土壤铵态氮与草本根系生物量在两个样地中均表现出弱的相关性。20～30cm 土层，土壤硝态氮、铵态氮和草本根系生物量均表现弱的相关性。

3.4 草本根系生物量与土壤 pH 值异质性的关联性

分析表明(图 7-4)，草本根系生物量与土壤 pH 值在两个样地中均表现为弱的相关性，表明在华北落叶松林分下土壤 pH 值的空间变异对草本根系生物量的空间分布的影响很小。

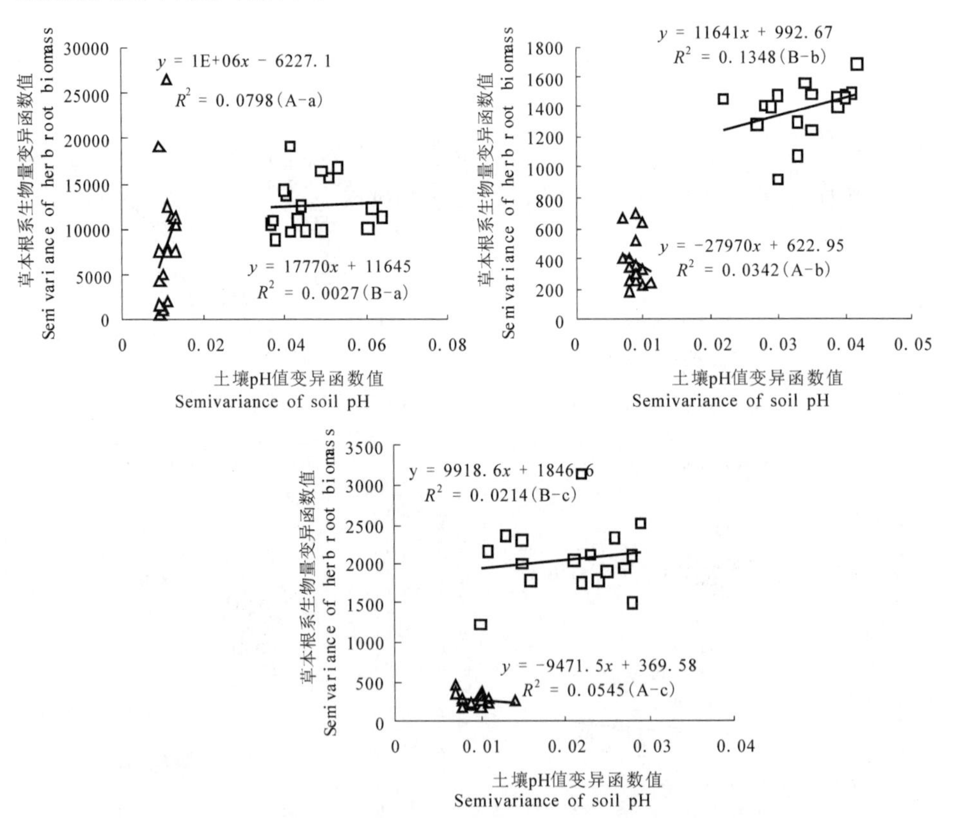

图 7-4　林下草本根系生物量与土壤 pH 值变异函数关系图

Fig. 7-4　Relationship between semivariance of soil pH and root biomass of herb

4　草本根系生物量与华北落叶松细根生物量异质性的关联性

研究表明(图7-5)，0~10cm土层，未采伐干扰样地B草本根系生物量与华北落叶松细根(≤2mm)生物量的相关性较强(R^2 =0.4491)。采伐干扰样地A各土层草本根系生物量与华北落叶松细根生物量的相关性均较弱。

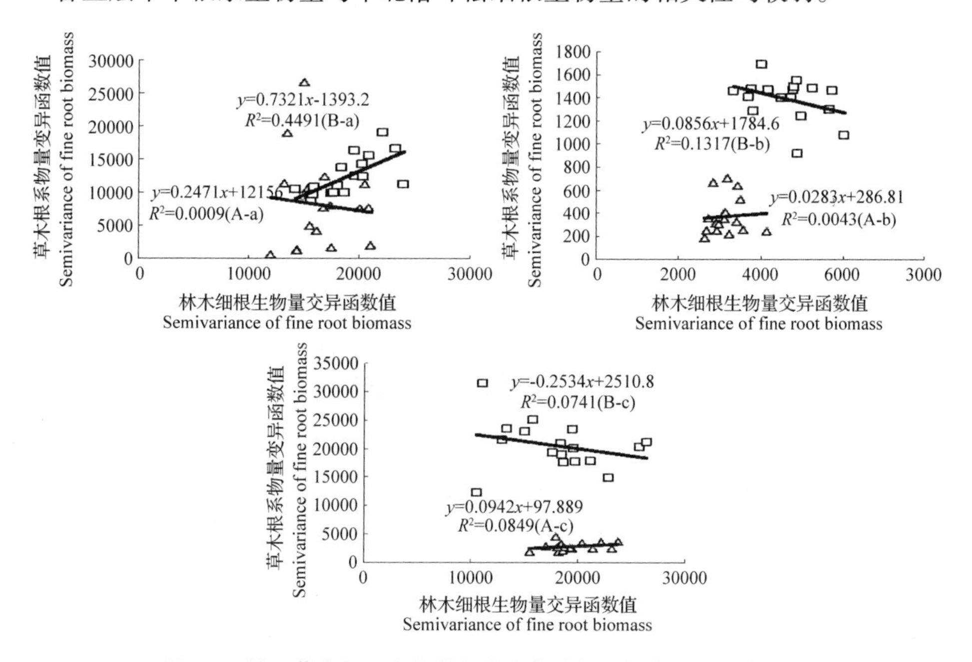

图7-5　林下草本根系生物量与华北落叶松细根变异函数关系图

Fig. 7-5　Relationship between semivariance of fine root biomass of *Larix principis－rupprechtii* and root biomass of herb

5　结论与讨论

5.1　不同林分草本根系生物量垂直分布特征分异

采伐干扰后，在雨水的冲刷和风力的作用下，枯枝落叶及草本植物的繁殖器官(种子或根茎等)通常会聚集到较大的植株周围，造成土壤水分、养分及草本植被分布上的不均匀(谷加存等，2005)。研究结果(图7-6)表明，采伐干扰会对草本根系生物量在土壤的不同层次所占比重产生影响。受采伐干扰样地 A，草本根系生物量在土壤上、中和下层分别占总草本根系生物量的 64.32%，23.03% 和 12.64%；样地 B 分别占 59.17%，28.59% 和 12.24%。表明干扰促使草本根系更多地集中在土壤的表层。已有研究表明，林分受采伐干扰后土壤含水量、土壤全氮都降低，而土壤硝态氮和铵态氮含量明显增加，且表现为随土层深度的增加而减少(杨秀云等，2011)，草本根系为了更多竞争到水分和养分，有向土壤表层进行生长的趋势。

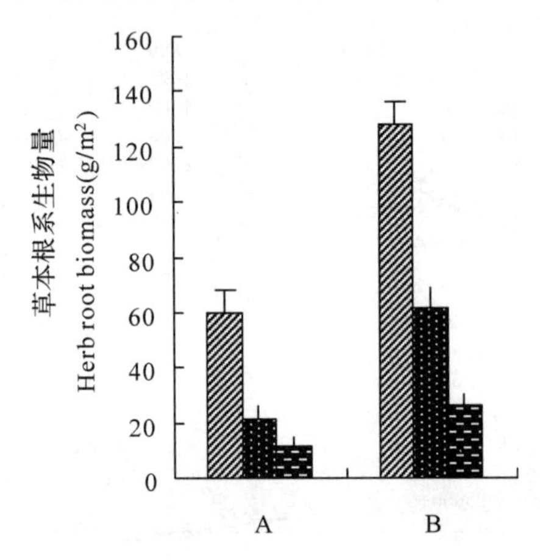

图 7-6　不同采伐干扰林分下草本根系生物量的垂直分布特征

Fig. 7-6　Depth distribution patterns of herb root biomass in different plots

在土壤不同层次草本根系生物量的变异系数分析，样地 A(Cv：170%～306%)大于样地 B(Cv：89%～169%)。采伐干扰导致土壤表层草本根系生物量的空间异质性增强，表现出强的空间自相关性。

5.2　草本根系生物量与土壤水分、养分的关联性

从草本根系生物量与土壤各因子偏相关分析表明(表 7-3)，在不同林分样地，草本根系生物量与土壤含水量、氮营养和 pH 值都呈正向相关关系，但相关性的程度有很大不同。0～10cm 土层，采伐干扰样地草本根系生物量与土壤全氮含量相关性显著，未采伐干扰样地 B 草本根系生物量与土壤 pH 值的相关性显著。

分析≤2mm 细根生物量与林下草本根系生物量的简单相关关系，表明草本根系生物量与华北落叶松细根生物量在一些土层呈现负的相关性，且相关性显著，说明在华北落叶松分布密集的地方，草本根系生物量分布较少，根系的这种有差别的分布更有利于对异质性养分的吸收。

表 7-3　草本根系生物量与土壤水分、氮营养和 pH 值的偏相关系数

Tab. 7-3　The partial correlation between herb root biomass and soil nutrient

样地 Plot	土层深度 Soil depth （cm）	土壤含水量 Soil moisture	土壤 pH 值 Soil pH	土壤全氮 Total N	土壤硝态氮 Soil NO_3^-	土壤铵态氮 Soil NH_4^+
A	0～10	0. 002	0. 102	0. 118 **	0. 007	0. 014
	11～20	0. 135 **	0108	0. 323 **	0. 016	0. 067
	21～30	0. 014	0. 132	0. 068	0. 027	0. 053
B	0～10	0. 009	0. 148 **	0. 063	0. 072	0. 038
	11～20	0. 029	0. 064	0. 019	0. 007	0. 105 **
	21～30	0. 026	0. 177 **	0. 058	0. 010	0. 119 **

Note：（** $P<0.01$）

综合土壤水分、氮营养和华北落叶松细根生物量与草本根系生物量变异的相关性分析，采伐干扰林分样地草本根系生物量的空间异质性受土壤水分、氮营养空间异质性的影响更大一些，与华北落叶松细根生物量空间变异的相关性很弱；而未采伐干扰样地 B 草本根系生物量的空间异质性受华北落叶松细根生物量空间异质性的影响更大一些。

参考文献

Aber J D, Melillo J M & Nadelhoffer K J, et al. Fine root turnover in forest ecosystems in relation to quality and form of nitrogen availability: A comparison of two methods [J]. *Oecologia*, 1985, 66: 317 ~ 321.

Adler P B, Lauenroth W K. Livestock exclusion increases the spatial heterogeneity of vegetation inColorado shortgrass steppe[J]. Applied Vegetation Science, 2000, 3(2): 213 ~ 222.

Ågren G I, Axelsson B, Flower – Ellis J G K, et al. Annual carbon budget for a young Scots pine[J]. Ecological Bulletins, 1980: 307 ~ 313.

Arthur M A, Fahey T J. Biomass and Nutrients in an Engelmann Spruce Subalpine Fir – Frost in NorthCentral Colorad: Pool, Annual Production and Internal Cycling [M]. Can. J. For. Res. 1992, 22: 315 ~ 325.

Ball – Coelho B, Sampaio E, Tiessen H, et al. Root dynamics in plant and ratoon crops of sugar cane[J]. Plant and Soil, 1992, 142(2): 297 ~ 305.

Bauhus J, Bartsch N. Fine – root growth in beech (Fagus sylvatica) forest gaps[J]. Canadian Journal ofForest Research, 1996, 26(12): 2153 ~ 2159.

Bauhus J, Messier C. Soil exploitation strategies of fine roots in different tree species of the southern boreal forest of easternCanada[J]. Canadian Journal of Forest Research, 1999, 29(2): 260 ~ 273.

Berish C W. Root biomass and surface area in three successional tropical forests[J]. Canadian Journal ofForest Research, 1982, 12(3): 699 ~ 704.

Bigwood D W, Inouye D W. Spatial pattern analysis of seed banks: an improved method and optimized sampling[J]. Ecology, 1988: 497 ~ 507.

Bliss K M, Jones R H, Mitchell R J, et al. Are competitive interactions influenced by spatial nutrient heterogeneity and root foraging behavior? [J]. New Phytologist, 2002, 154(2): 409 ~ 417.

Böhm W. Methods of studying root systems[M]. Springer Verlag, 1979.

Burke M K, Raynal D J. Fine root growth phonology, production and turnover in a northern hardwood forest ecosystem [J]. *Plant and Soil*, 1994, 162(2): 135 ~ 146.

Burns I G. Short-and long-term effects of a change in the spatial distribution of nitrate in the root zone on N uptake, growth and root development of young lettuce plants[J]. Plant, Cell & Environment, 1991, 14(1): 21 ~ 33.

Burton A J, Pregitzer K, Ruess R, et al. Root respiration in North American forests: effects of nitrogen concentration and temperature across biomes [J]. Oecologia, 2002, 131 (4):

559 ~ 568.

Butter V, Louschner C. Spatial and temporal patterns of fine root abundance in a mixed pal – beech forest [J]. *For Ecol. Manage*, 1994, 70: 11 ~ 21.

Caldwell M M, Pearce R P. Exploitation of environmental heterogeneity by plants: ecophysiological processes above – and belowground[M]. Access Online via Elsevier, 1994, 325 ~ 347.

Campbell B D, Grime J P, Mackey J M L, et al. The quest for a mechanistic understanding of resource competition in plant communities: the role of experiments[J]. Functional Ecology, 1991, 5(2): 241 ~ 253.

Chapin III F S, Matson P M, Mooney H A. Principles of terrestrial ecosystem ecology Svrinser – Verlae [J]. *New York Berlin Heidelberg*, 2002, 151 ~ 175.

Chen H, Harmon M E, Sexton J, et al. Fine – root decomposition and N dynamics in coniferous forests of the Pacific Northwest, USA[J]. Canadian Journal of Forest Research, 2002, 32 (2): 320 ~ 331.

Christie D A, Armesto J J. Regeneration microsites and tree species coexistence in temperate rain forests ofChiloé Island, Chile[J]. Journal of Ecology, 2003, 91(5): 776 ~ 784.

Copley J. Ecology goes underground[J]. Nature, 2000, 406(6795): 452 ~ 454.

Cui M, Caldwell M M. Facilitation of plant phosphate acquisition by arbuscular mycotrhizas from enriched soil patches[J]. New Phytologist, 1996, 133(3): 453 ~ 460.

Davis J P, Haines B, Coleman D, et al. Fine root dynamics along an elevational gradient in the southern Appalachian Mountains, USA[J]. Forest Ecology and Management, 2004, 187(1): 19 ~ 33.

DeLucia E H, Hamilton J G, Naidu S L, et al. Net primary production of a forest ecosystem with experimental CO_2 enrichment[J]. Science, 1999, 284(5417): 1177 ~ 1179.

Derner J D, Briske D D. Does a tradeoff exist between morphological and physiological root plasticity? A comparison of grass growth forms[J]. Acta Oecologica, 1999, 20(5): 519 ~ 526.

Desrochers A, Landhäusser S M, Lieffers V J. Coarse and fine root respiration in aspen (Populus tremuloides)[J]. Tree Physiology, 2002, 22(10): 725 ~ 732.

Drew M C, Saker L R. Nutrient supply and the growth of the seminal root system in barley III. Compensatory increases in growth of lateral roots, and in rates of phosphate uptake, in response to a localized supply of phosphate[J]. Journal of Experimental Botany, 1978, 29(2): 435 ~ 451.

Duke S E, Jackson R B, Caldwell M M. Local reduction of mycorrhizal arbuscule frequency in enriched soil microsites[J]. Canadian Journal of Botany, 1994, 72(7): 998 ~ 1001

Einsmann J C, Jones R H, Pu M, et al. Nutrient foraging traits in 10 co - occurring plant species of contrasting life forms[J]. Journal of Ecology, 1999, 87(4): 609 ~ 619.

Eissenstat D M, Achor D S. Anatomical characteristics of roots of citrus rootstocks that vary in specific root length[J]. New Phytologist, 1999, 141(2): 309 ~ 321.

Eissenstat D M, Wells C E, Yanai R D, et al. Building roots in a changing environment: implications for root longevity[J]. New Phytologist, 2000, 147(1): 33~42.

Eissenstat D M, Yanai R D. The ecology of root lifespan[J]. Advances in ecological research, 1997, 27: 1~60.

Fahey T J, Hughes J W. Fine root dynamics in a northern hardwood forest ecosystem, Hubbard Brook Experimental Forest, NH[J]. Journal of Ecology, 1994: 533~548.

Farley R A, Fitter A H. Temporal and spatial variation in soil resources in a deciduous woodland[J]. Journal of Ecology, 1999, 87(4): 688~696.

Farley R A, Fitter A H. The responses of seven co - occurring woodland herbaceous perennials to localized nutrient - rich patches[J]. Journal of Ecology, 1999, 87(5): 849~859.

Farrar J F, Jones D L. The control of carbon acquisition by roots[J]. New Phytologist, 2000, 147(1): 43~53.

Fischer S, Brienza Jr S, Vielhauer K. Root distribution in enriched fallow vegetations in NE Amazonia, Brazil[C]//Proceedings of the third shift workshopmanaus. Reinhard Lieberei University of Hamburg, 1998: 181~184.

Fitter A H, Stickland T R, Harvey M L, et al. Architectural analysis of plant root systems 1. Architectural correlates of exploitation efficiency[J]. New Phytologist, 1991, 118(3): 375~382.

Fitter A, Hodge A, Robinson D. In: Huntchings et al. (Eds). The ecological consequences of environmental heterogeneity [J]. *Blackwell Science. Oxford*, *UK*. 2000, 71~89.

Fogel R, Hunt G. Fungal and arboreal biomass in a western Oregon Douglas – fir ecosystem: distribution patterns and turnover [J]. Canadian Journal of Forest Research, 1979, 9(2): 245~256.

Fogel R. Root turnover and productivity of coniferous forests[M]//Tree root systems and their mycorrhizas. SpringerNetherlands, 1983: 75~85.

Fransen B, de Kroon H, Berendse F. Root morphological plasticity and nutrient acquisition of perennial grass species from habitats of different nutrient availability[J]. Oecologia, 1998, 115(3): 351~358.

Fransen B, de Kroon H, Berendse F. Soil nutrient heterogeneity alters competition between two perennial grass species[J]. Ecology, 2001, 82(9): 2534~2546.

Gallardo A. Spatial variability of soil properties in a floodplain forest in northwest Spain[J]. Ecosystems, 2003, 6(6): 564~576.

Gholz H L, Hendry L C, Cropper Jr W P. Organic matter dynamics of fine roots in plantations of slash pine (Pinus elliottii) in north Florida[J]. Canadian Journal of Forest Research, 1986, 16(3): 529~538.

Gill R A, Burke I C. Influence of soil depth on the decomposition of Bouteloua gracilis roots in the shortgrass steppe[J]. Plant and Soil, 2002, 241(2): 233~242.

Gill R A, Jackson R B. Global patterns of root turnover for terrestrial ecosystems[J]. New Phytologist, 2000, 147(1): 13~31.

Goovaerts P. Geostatistics for natural resources evaluation [M]. Oxford university press, 1997.

Grier C C, Vogt K A, Keyes M R, et al. Biomass distribution and above - and below - ground production in young and mature Abies amabilis zone ecosystems of the Washington Cascades [J]. Canadian Journal ofForest Research, 1981, 11(1): 155~167.

Grime J P. The role of plasticity in exploiting environmental heterogeneity. Roy J, Caldwell M M, Pearce R P. Exploitation of environmental heterogeneity by plants: ecophysiological processes above - and belowground[M]. Access Online via Elsevier, 1994.

Guo D L, Mitchell R J, Hendricks J J. Fine root branch orders respond differentially to carbon source - sink manipulations in a longleaf pine forest [J]. Oecologia, 2004, 140(3): 450~457.

Guo D, Li H, Mitchell R J, et al. Fine root heterogeneity by branch order: exploring the discrepancy in root turnover estimates between minirhizotron and carbon isotopic methods[J]. New Phytologist, 2008, 177(2): 443~456.

Guo D, Mitchell R J, Withington J M, et al. Endogenous and exogenous controls of root life span, mortality and nitrogen flux in a longleaf pine forest: root branch order predominates[J]. Journal of Ecology, 2008, 96(4): 737~745.

Guo D, Mou P, Jones R H, et al. Temporal changes in spatial patterns of soil moisture following disturbance: an experimental approach[J]. Journal of Ecology, 2002, 90(2): 338~347.

Guo D, Xia M, Wei X, et al. Anatomical traits associated with absorption and mycorrhizal colonization are linked to root branch order in twenty - three Chinese temperate tree species[J]. New Phytologist, 2008, 180(3): 673~683.

Harris W F, Kinerson Jr R S. Comparison of belowground biomass of natural deciduous forests and loblolly pine plantations[R]. 1973.

Harris WF, Kinerson RS, Edwards NT. Comparison of belowground biomass of natural deciduous forest and loblolly pine plantations. In: Marshall JK ed. *The Belowground Ecosystem: a Synthsis of Plant - Associated Processes* [M]. Fort Collins Press, 1977, 29~37.

Hartmann M. Species dependent root decomposition in rewetted fen soils[J]. Plant and Soil, 1999, 213(1~2): 93~98.

Hendrick R L, Pregitzer K S. Applications of minirhizotrons to understand root function in forests and other natural ecosystems[J]. Plant and Soil, 1996, 185(2): 293~304.

Hendrick R L, Pregitzer K S. Temporal and depth - related patterns of fine root dynamics in northern hardwood forests[J]. Journal of Ecology, 1996: 167~176.

Hendrick R L, Pregitzer K S. The relationship between fine root demography and the soil environment in northern hardwood forests[J]. Ecoscience. Sainte – Foy, 1997, 4(1): 99 ~ 105.

Hendrick R L, Pregitzer KS. Patterns of fine root mortality in two sugar maple forests[J]. *Nature*, 1993, 361(1): 59 ~ 61.

Hendricks J J, Aber J D, Nadelhoffer K J, et al. Nitrogen controls on fine root substrate quality in temperate forest ecosystems[J]. Ecosystems, 2000, 3(1): 57 ~ 69.

Hendricks J J, Nadelhoffer K J, Aber J D, *et al.* A N^{15} tracer technique for assessing fine root production and mortality[J]. *Oecologia*, 1997, 12: 300 ~ 304.

Hodge A, Robinson D, Fitter A H. An arbuscular mycorrhizal inoculum enhances root proliferation in, but not nitrogen capture from, nutrient-rich patches in soil[J]. New Phytologist, 2000, 145(3): 575 ~ 584.

Hodge A, Robinson D, Griffiths B S, et al. Why plants bother: root proliferation results in increased nitrogen capture from an organic patch when two grasses compete[J]. Plant, Cell & Environment, 1999, 22(7): 811 ~ 820.

Hodge A, Stewart J, Robinson D, et al. Root proliferation, soil fauna and plant nitrogen capture from nutrient - rich patches in soil[J]. New Phytologist, 1998, 139(3): 479 ~ 494.

Huggett R J. Soil chronosequences, soil development, and soil evolution: a critical review [J]. Catena, 1998, 32(3): 155 ~ 172.

Hutchings M J, de Kroon H. Foraging in plants: the role of morphological plasticity in resource acquisition[J]. Advances in ecological research, 1994, 25: 159 ~ 238.

Hutchings M J, John E A, Wijesinghe D K. Toward understanding the consequences of soil heterogeneity for plant populations and communities[J]. Ecology, 2003, 84(9): 2322 ~ 2334.

Hutchinson T F, Boerner R E J, Iverson L R, et al. Landscape patterns of understory composition and richness across a moisture and nitrogen mineralization gradient in Ohio (USA) Quercus forests[J]. Plant Ecology, 1999, 144(2): 177 ~ 189.

Idol T W, Pope P E, Ponder F. Fine root dynamics across a chronosequence of upland temperate deciduous forests[J]. Forest Ecology and Management, 2000, 127(1): 153 ~ 167.

Jackson R B, Caldwell M M. Integrating resource heterogeneity and plant plasticity: modelling nitrate and phosphate uptake in a patchy soil environment[J]. Journal of Ecology, 1996: 891 ~ 903.

Jackson R B, Caldwell M M. Kinetic responses of Pseudoroegneria roots to localized soil enrichment[J]. Plant and Soil, 1991, 138(2): 231 ~ 238.

Jackson R B, Canadell J, Ehleringer J R, et al. A global analysis of root distributions for terrestrial biomes[J]. Oecologia, 1996, 108(3): 389 ~ 411.

Jackson R B, Mooney H A, Schulze E D. A global budget for fine root biomass, surface area, and nutrient contents[J]. Proceedings of the National Academy of Sciences, 1997, 94(14): 7362 ~ 7366.

Jackson R B, Pockman W T, Hoffmann W A. The structure & function of root systems. In: Pugnaire F I, Valladares F. Handbook of Functional Plant Ecology, Marcel Decker. New York NY. 1999, 195 ~ 220.

Jorgensen J R, Wells C G, Metz L J. Nutrient changes in decomposing loblolly pine forest floor[J]. Soil Science Society of America Journal, 1980, 44(6): 1307 ~ 1314.

Kavanagh T, Kellman M. Seasonal pattern of fine root proliferation in a tropical dry forest [J]. Biotropica, 1992: 157 ~ 165.

Khiewtam R S, Ramakrishnan P S. Litter and fine root proliferation in a tropical dry forest [J]. Foret Ecology and Management , 1993, 60: 327 ~ 344.

King J S, Albaugh T J, Allen H L, et al. Below - ground carbon input to soil is controlled by nutrient availability and fine root dynamics in loblolly pine[J]. New Phytologist, 2002, 154 (2): 389 ~ 398.

Kurz W A, Kimmins J P. Analysis of some sources of error in methods used to determine fine root production in forest ecosystems: a simulation approach[J]. Canadian Journal of Forest Research, 1987, 17(8): 909 ~ 912.

Lal R. Forest soils and carbon sequestration[J]. Forest ecology and management, 2005, 220 (1): 242 ~ 258.

Lawson G J. Roots in tropical agroforestry system (Appendix 1), In: Cannell M. G. R. , Crout N. M. J, Dewar R. C, *et al*(eds.). Annual Report June 1993 – June 1994 of Agroforestry Modelling and Research Coordination, ODA. *Forestry Research Programme RS*, 1995, 65: 11 ~ 25.

Lechowicz M J, Bell G. The ecology and genetics of fitness in forest plants. II. Microspatial heterogeneity of the edaphic environment[J]. The Journal of Ecology, 1991: 687 ~ 696.

Lehmann J, Zech W. Fine root turnover of irrigated hedgerow intercropping in Northern Kenya [J]. Plant and Soil, 1998, 198(1): 19 ~ 31.

Lister A J, Mou P P, Jones R H, et al. Spatial patterns of soil and vegetation in a 40-year-old slash pine (Pinus elliottii) forest in the Coastal Plain of South Carolina, USA[J]. Canadian Journal ofForest Research, 2000, 30(1): 145 ~ 155.

Ludovici K H, Kress L W. Decomposition and nutrient release from fresh and dried pine roots under two fertilizer regimes[J]. Canadian journal of forest research, 2006, 36(1): 105 ~ 111.

Magill A H, Aber J D, Berntson G M, et al. Long – term nitrogen additions and nitrogen saturation in two temperate forests[J]. Ecosystems, 2000, 3(3): 238 ~ 253.

Majdi H, Nylund J E. Does liquid fertilization affect fine root dynamics and lifespan of mycorrhizal short roots? [J]. Plant and Soil, 1996, 185(2): 305 ~ 309.

Majdi H, Smucker A J M, Persson H. A comparison between minirhizotron and monolith sampling methods for measuring root growth of maize (Zea mays L.)[J]. Plant and Soil, 1992, 147

(1): 127 ~ 134.

Majdi H. Changes in fine root production and longevity in relation to water and nutrient availability in a Norway spruce stand in northern Sweden [J]. Tree Physiology, 2001, 21 (14): 1057 ~ 1061.

Marshall J D, Waring R H. Predicting fine root production and turnover by monitoring root starch and soil temperature[J]. Canadian Journal of Forest Research, 1985, 15(5): 791 ~ 800.

Morgan, J. A. Looking Beneath the surface [J]. Science, 2002, 298: 1903 ~ 1904.

Mou P U, Mitchell R J, Jones R H. Root distribution of two tree species under a heterogeneous nutrient environment[J]. Journal of Applied Ecology, 1997: 645 ~ 656.

Nadelhoffer K J, Aber J D, Melillo J M. Fine roots, net primary production, and soil nitrogen availability: a new hypothesis[J]. Ecology, 1985, 66(4): 1377 ~ 1390.

Nadelhoffer K J. The potential effects of nitrogen deposition on fine - root production in forest ecosystems[J]. New Phytologist, 2000, 147(1): 131 ~ 139.

Newman G S, Arthur M A, Muller R N. Above – and – belowgrond net primary production in a temperate mixed deciduous forest [J]. *Ecosystems*, 2006, 9: 317 ~ 329.

Norby R J, Ledford J, Reilly C D, et al. Fine – root production dominates response of a deciduous forest to atmospheric CO2 enrichment[J]. Proceedings of the National Academy of Sciences of the United States of America, 2004, 101(26): 9689 ~ 9693.

Nowtony I, Daehne J, Klingethoefer D, Rothe GM(1998). Effect of artificial and tinning on growth and nutrient states of mycorrhizal roots of Norway spruce (Picea abies Karst.). *Plant and Soil*, 199: 29 – 40.

Olsthoorn A F M, Klap J M, Voshaar J H O. The relation between fine root density and proximity of stems in closed Douglas – fir plantations on homogenous sandy soils: implications for sampling design[J]. Plant and soil, 1999, 211(2): 215 ~ 221.

Ostertag R. Effects of nitrogen and phosphorus availability on fine – root dynamics in Hawaiian montane forests[J]. Ecology, 2001, 82(2): 485 ~ 499.

Ostertag, R. "Root dynamics of tropical forests in relation to nutrient availability. Ph. D. Dissertation." University of Florida, 1998.

Persson H Å. The distribution and productivity of fine roots in boreal forests[J]. Plant and soil, 1983, 71(1 – 3): 87 ~ 101.

Persson H. Root dynamics in a young Scots pine stand in central Sweden[J]. Oikos, 1978: 508 ~ 519.

Persson H. Spatial distribution of fine – root growth, mortality and decomposition in a young Scots pine stand in Central Sweden[J]. Oikos, 1980: 77 ~ 87.

Peterson C A, Enstone D E, Taylor J H. Pine root structure and its potential significance for root function[J]. Plant and soil, 1999, 217(1 – 2): 205 ~ 213.

Pregitzer K S, DeForest J L, Burton A J, et al. Fine root architecture of nine North American trees[J]. Ecological Monographs, 2002, 72(2): 293~309.

Pregitzer K S, Laskowski M J, Burton A J, et al. Variation in sugar maple root respiration with root diameter and soil depth[J]. Tree Physiology, 1998, 18(10): 665~670.

Pregitzer K S, Zak D R, Maziasz J, et al. Interactive effects of atmospheric CO2 and soil -N availability on fine roots of Populus tremuloides[J]. Ecological Applications, 2000, 10(1): 18~33.

Pregitzer K S. Woody plants, carbon allocation and fine roots[J]. New Phytologist, 2003, 158(3): 421~424.

Raich J W, Nadelhoffer K J. Belowground carbon allocation in forest ecosystems: global trends[J]. Ecology, 1989, 70(5): 1346~1354.

Ritz K, Millar S M, Crawford J W. Detailed visualization of hyphal distribution in fungal mycelia growing in heterogeneous nutritional environments [J]. *Journal of Microbiological Methods*, 1996, 25: 23~28.

Robinson D, Hodge A, Griffiths B S, et al. Plant root proliferation in nitrogen - rich patches confers competitive advantage[J]. Proceedings of the Royal Society of London. Series B: Biological Sciences, 1999, 266(1418): 431~435.

Robinson D. Resource capture by localized root proliferation: Why do plants bother [J]? *Annals of Botany*, 1996, 77: 179~185.

Robinson D. Tansley review no. 73. The responses of plants to non - uniform supplies of nutrients[J]. New Phytologist, 1994: 635~674.

Ruess R W, Van Geve K, Yarie J, et al. Contributions of fine root production and turnover to the carbon and nitrogen cycling in Taiga Forests of the Alaskan Interior. Can. J. For. Res. 1996, 26: 1326~1336.

Rytter R M, Hansson A C. Seasonal amount, growth and depth distribution of fine roots in an irrigated and fertilized < i > Salix viminalis </i > L. plantation[J]. Biomass and Bioenergy, 1996, 11(2): 129~137.

Rytter R M. Biomass production and allocation, including fine - root turnover, and annual N uptake in lysimeter - grown basket willows[J]. Forest ecology and management, 2001, 140(2): 177~192.

Samson B K, Sinclair T R. Soil core and minirhizotron comparison for the determination of root length density[J]. Plant and Soil, 1994, 161(2): 225~232.

Santantonio D, Grace J C. Estimating fine - root production and turnover from biomass and decomposition data: a compartment - flow model[J]. Canadian Journal of Forest Research, 1987, 17(8): 900~908.

Saugier B, Roy J, Mooney H A. Estinations of global terrestrial productivity : converging toward a single number? In: Roy J, Saugier B, Mooney H A eds. Terrestrial Global Productivity. San Diego, CA[M]. Academic Press, 2001, 543 ~ 557.

Schlesinger W H. Carbon sequestration in soils[J]. Science, 1999, 284(5423): 2095.

Schoettle A W, Fahey T J, Shoettle A W. Foliage and fine root longevity of pines[J]. Ecological Bulletins, 1994: 136 ~ 153.

Schuur E A G. The effect of water on decomposition dynamics in mesic to wet Hawaiian montane forests[J]. Ecosystems, 2001, 4(3): 259 ~ 273.

Silver W L, Miya R K. Global patterns in root decomposition: comparisons of climate and litter quality effects[J]. Oecologia, 2001, 129(3): 407 ~ 419.

Steele S J, Gower S T, Vogel J G, et al. Root mass, net primary production and turnover in aspen, jack pine and black spruce forests in Saskatchewan and Manitoba, Canada[J]. Tree physiology, 1997, 17(8 - 9): 577 ~ 587.

Steinaker D F, Wilson S D. Belowground litter contributions to nitrogen cycling at a northern grass - lang - forest boundary [J]. *Ecology*, 2005, 86: 2825 ~ 2833.

Steudle E, Peterson C A. How does water get through roots? [J]. Journal of Experimental Botany, 1998, 49(322): 775 ~ 788.

Stewart A J A, John E A, Hutchings MJ. The world is heterogeneous: ecological consequence of living in a pathy environment. In: Symposia of The British Ecology Society[M]. The ecological consequences of environmental heterogeneity, 2000, 1 ~ 8.

Sundarapandian S M, Swamy P S. Fine root biomass distribution and productivity patterns under open and closed canopies of tropical forest ecosystems at Kodayar in Western Ghats, South India[J]. Forest Ecology and Management, 1996, 86(1): 181 ~ 192.

Tateno R, Hishi T, Takeda H. Above - and belowground biomass and net primary production in a cool - temperate deciduous forest in relation to topographical changes in soil nitrogen[J]. Forest Ecology and Management, 2004, 193(3): 297 ~ 306.

Thomson B D, Robson A D, Abbott L K. Effects of phosphorus on the formation of mycorrhizas by Gigaspora calospora and Glomus fasciculatum in relation to root carbohydrates[J]. New Phytologist, 1986: 751 ~ 765.

Tingey D T, Phillips D L, Johnson M G. Elevated CO2 and conifer roots: effects on growth, life span and turnover[J]. New Phytologist, 2000, 147(1): 87 ~ 103.

Usman S, Singh S P, Rawat Y S. Fine root productivity and turnover in two evergreen central Himalayan forests[J]. Annals of Botany, 1999, 84(1): 87 ~ 94.

Van Vuuren M M I, Robinson D, Griffiths B S. Nutrient inflow and root proliferation during the exploitation of a temporally and spatially discrete source of nitrogen in soil[J]. Plant and Soil, 1996, 178(2): 185 ~ 192.

Vogt K A, Grier C C, Gower S T, et al. Overestimation of net root production: a real or imaginary problem? [J]. Ecology, 1986, 67(2): 577 ~ 579.

Vogt K A, Grier C C, Vogt D J. Production, turnover, and nutrient dynamics of above - and belowground detritus of world forests[J]. Advances in ecological research, 1986, 15(3): 3 ~ 377.

Vogt K A, Vogt D J, Asbjornsen H, et al. Roots, nutrients and their relationship to spatial patterns[M]//Nutrient Uptake and Cycling in Forest Ecosystems. Springer Netherlands, 1995: 113 ~ 123.

Vogt K A, Vogt D J, Bloomfield J. Analysis of some direct and indirect methods for estimating root biomass and production of forests at an ecosystem level[J]. Plant and Soil, 1998, 200 (1): 71 ~ 89.

Vogt K A, Vogt D J, Palmiotto P A, et al. Review of root dynamics in forest ecosystems grouped by climate, climatic forest type and species [J]. Plant and soil, 1995, 187 (2): 159 ~ 219.

Vose J M, Ryan M G. Seasonal respiration of foliage, fine roots, and woody tissues in relation to growth, tissue N, and photosynthesis[J]. Global Change Biology, 2002, 8(2): 182 ~ 193.

Wang HT(王海涛), He XD(何兴东), Gao YB(高玉葆), Lu JG(卢建国), Xue PP(薛苹苹), Ma D(马迪)(2007). Density in Artemisia ordosica successional community in response to spatial heterogeneity of soil moisture and organic matter. *Journal of Plant Ecology*(Chinese Version)(植物生态学报), 31(6): 1145 - 1153. (in Chinese with English abstract)

Wei LY(韦兰英), ShangGuan ZP(上官周平)(2006). Relationship between vertical distribution of fine root in different successional stages of herbaceous vegetation and soil environment in Loess Plateau. *Acta Ecologica Sinica*(生态学报), 26(11): 3740 ~ 3748.

Wells C E, Eissenstat D M. Beyond the roots of young seedlings: the influence of age and order on fine root physiology[J]. Journal of Plant Growth Regulation, 2002, 21(4): 324 ~ 334.

Wijesinghe D K, John E A, Beurskens S, et al. Root system size and precision in nutrient foraging: responses to spatial pattern of nutrient supply in six herbaceous species[J]. Journal of Ecology, 2001, 89(6): 972 ~ 983.

Withington J M, Reich P B, Oleksyn J, et al. Comparisons of structure and life span in roots and leaves among temperate trees[J]. Ecological Monographs, 2006, 76(3): 381 ~ 397.

Wullschleger S D, Jackson R B, Currie W S, et al. Below - ground processes in gap models for simulating forest response to global change[J]. Climatic change, 2001, 51(3 ~ 4): 449 ~ 473.

Zogg G P, Zak D R. Burton A J. Fine root respiration in northern hardwood forests in relation to temperature and nitrogen availability[J]. *Tree Physiology*, 1996, 16(8) : 719 ~ 725.

毕华兴，李笑吟，刘鑫，等. 晋西黄土区土壤水分空间异质性的地统计学分析[J]. 北京林业大学学报，2006，28(5)：59 ~ 66.

常文静，郭大立. 中国温带、亚热带和热带森林 45 个常见树种细根直径变异[J]. 植物生态学报，2008，32(6)：1248 ~ 1257.

陈伏生，曾德慧，陈广生. 土地利用变化对沙地土壤全氮空间分布格局的影响[J]. 应用生态学报，2004，15(6)：953～957.

陈光水，杨玉盛，高人等．杉木林年龄序列地下碳分配变化[J]．植物生态学报 2008，32(6)：1285～1293.

陈光水，杨玉盛，何宗明，等．树木位置和胸径对人工林细根水平分布的影响[J]．生态学报，2005，25(5)1007～1011.

程云环，韩有志，王庆成，等．落叶松人工林细根动态与土壤资源有效性关系研究[J]．植物生态学报，2005，29(3)：403～410.

崔晓阳，宋金凤．原始森林土壤 NH_4^+/NO_3^- 生境特征与某些针叶树种的适应性[J]．生态学报，2005，25(11)：3082～3092.

单建平，陶大力．国外对树木细根的研究动态[J]．生态学杂志，1992，11(4)：6～49.

单建平，陶大力等．长白山阔叶红松林细根动态[J]．应用生态学报，1993，4(3)：241～245.

邓小文，韩士杰．氮沉降对森林生态系统土壤碳库的影响[J]．生态学杂志．2007，26(10)：1622～1627.

Du F(杜峰)，Liang ZS(梁宗锁)，Xu XX(徐学选)，Zhang XC(张兴昌)，Shan L(山仑)(2008). Spatial heterogeneity of soil nutrients and aboveground biomass in abandoned old－fields of Loess Hilly region in Northern Shaanxi，China. *Acta Ecologica Sinica*(生态学报)，28(1)：13－22. (in Chinese with English abstract)

杜志勇，刘苑秋，郑诗樟，等．退化红壤区不同模式重建森林土壤水分空间变异性[J]．水土保持学报，2007，21(5)：101～105.

方运霆，莫江明，周国逸，等．南亚热带森林土壤有效氮含量及其对模拟单沉降增加的初期响应[J]．生态学报，2004，24(11)：2353～2359.

甘卓亭，刘文兆．渭北旱塬不同龄苹果细根空间分布特征．生态学报，2008，28(7)：3401～3407.

高鹭，胡春胜，毛仁钊．喷灌条件下土壤 NO_3^-－N 含量的空间变异性研究[J]．土壤学报，2004，41(6)：991～995.

耿玉清，单宏臣，谭笑，等．人工针叶林林冠空隙土壤的研究[J]．北京林业大学学报，2002，24(4)：16～19.

谷加存，王政权，韩有志，等．采伐干扰对帽儿山地区天然次生林土壤表层温度空间异质性的影响[J]．应用生态学报，2006，17(12)：2248～2254.

谷加存，王政权，韩有志，等．采伐干扰对帽儿山天然次生林土壤表层水分空间异质性的影响．生态学报，2005，25(8)：2001～2009.

郭朝晖，张杨珠，黄子蔚．根际微域营养研究进展(二)[J]．土壤通报，1999，30

(2)：85～88.

郭大立，范萍萍. 关于氮有效性影响细根生产量和周转率的四个假说[J]. 应用生态学报，2007，18(10)：2354～2360.

郭晋平，薛俊杰，等. 庞泉沟自然保护区华北落叶松土壤种子库的研究[J]. 武汉植物学研究，1998，16(2)：131～136.

郭忠玲，郑金萍，马元丹，等. 长白山几种主要森林群落木本植物细根生物量及其动态[J]. 生态学报，2006，26(9)：2855～2862.

韩有志，王政权，谷加存. 林分光照空间异质性对水曲柳更新的影响[J]. 植物生态学报，2004，28(4)：468～475.

贺金生，王政权，方精云. 全球变化下的地下生态学：问题与展望[J]. 科学通报，2004，49(13)：1226～1233.

胡启武，欧阳华，刘贤德. 祁连山北坡垂直带土壤碳氮分布特征[J]. 山地学报. 2006，6(11)：654～661.

黄建辉，韩兴国. 森林生态系统根系生物量研究进展[J]. 生态学通报，1999，19(2)：270～277.

李朝生，杨晓晖，于春堂，等. 放牧对黄河低阶地盐化草场土壤水盐空间异质性的影响[J]. 生态学报，2006，26(7)：2402～2408.

李建国，贺庆棠. 华北落叶松林生态适应性的定量分析与评价[J]. 生态学报，1996，16(2)：180～186.

李凌浩，邢雪荣. 武夷山甜槠林细根生物量和生长量研究[J]. 应用生态学报，1998，9(4)：337～340.

李凌浩，王其兵. 森林生态系统中几个重要方面的进展[J]. 植物学通报，1998，15(1)：17～26.

李明辉，彭少麟，申卫军，等. 丘塘景观土壤养分的空间变异[J]. 生态学报，2004，24(9)：1839～1845.

李鹏，李占斌，赵忠，等. 渭北黄土高原不同立地上刺槐根系分布特征研究[J]. 水土保持通报，2002，22(5)：15～19.

李鹏，赵忠等. 植被根系与生态环境相互作用的研究进展[J]. 西北林学院学报，2002，17(2)：26～32.

廖兰玉，丁明愚，张祝平，等. 鼎湖山植物群落根系生物量及其氮素动态[J]. 植物生态学报，1993，17(1)：56～60.

廖利平，陈楚莹，张家武，等. 杉木、火力楠纯林及混交林细根周转研究[J]. 应用生态学报，1995，6(1)：7～10.

廖利平，杨跃军. 杉木、火力楠纯林及其混交林细根分布、分解与养分归还[J]. 生态学报，1999，19(3)：342～346.

卢建国，王海涛，何兴东，等．毛乌素沙地半固定沙丘油蒿种群对土壤湿度空间异质性的响应．应用生态学报，2006，17(8)：1469～1474.

马新明，席磊，熊淑萍．大田烟草根系构型参数的动态变化[J]．应用生态学报，2006，17(3)：373～376.

马元喜，王晨阳，贺德先．中国农业栽培植物根系研究史料[J]．河南农业大学学报，1994，28(4)：332～338.

毛志宏，朱教君．干扰对植物群落物种组成及多样性的影响．生态学报，2006，26(8)：2695～2701.

梅莉，王政权，程云环，等．林木细根寿命及其影响因子研究进展[J]．植物生态学报，2004，28(4)：704～71.

梅莉，王政权，韩有志，等．水曲柳根系生物量、比根长和根长密度的分布格局．应用生态学报，2006，17(1)：1～4.

莫江明，郁梦德，孔国辉．鼎湖山马尾松人工林土壤硝态氮和铵态氮动态研究[J]．植物生态学报，1997，21(4)：335～341.

潘成忠，上官周平．土壤空间异质性研究评述[J]．生态环境，2003，12(3)：371～375.

潘攀，牟长城，孙志虎．长白落叶松人工林灌丛生物量的调查与分析[J]．东北林业大学学报，2007，35(4)：1～2.

潘颜霞，王新平，苏延桂，等．荒漠人工固沙植被区土壤性状的空间分布特征[J]．土壤学报，2007，44(5)：944～948.

彭少麟，刘强．森林凋落物动态及其对全球变暖的响应[J]．生态学报，2002，22(9)：1534～1544.

师伟，王政权，刘金梁，等．帽儿山天然次生林 20 个阔叶树种细根形态[J]．植物生态学报，2008，32(6)：1217～1226.

史建伟，王孟本，于立忠，等．土壤有效氮及其相关因素对植物细根的影响[J]．生态学杂志，2007，26(10)：1634～1639.

史舟，李艳．地统计学在土壤学中的应用[M]．北京：中国农业出版社，2006.

宋森，谷加存，全先奎，等．水曲柳和兴安落叶松人工林细根分解研究[J]．植物生态学报，2008，32(5)：1227～1237.

孙志虎，牟长城，孙龙．采用地统计学方法对落叶松人工纯林表层细根生物量的估计．植物生态学报，2006，30(5)：771～779.

孙志虎，王庆成．采用地统计学方法对水曲柳人工纯林表层根量的估计．生态学报，2005，25(4)：923～930.

孙志虎，王庆成．水曲柳人工林土壤养分的空间异质性研究[J]．水土保持学报，2007，21(2)：81~84.

唐罗忠，黄宝龙，生原喜久雄，等．高水位条件下池松根系的生态适应机制和膝根的呼吸特性[J]．植物生态学报，2008，32(6)：1258~1267.

王军，傅伯杰，邱扬，等．黄土高原小流域土壤养分的空间异质性[J]．生态学报，2002，22(8)：1173~1178.

王军，傅伯杰．黄土丘陵区小流域土地利用与土壤水分的时空变化[J]．地理学报，2000，55(1)：84~91.

王珺，刘茂松，盛晟，等．干旱区植物群落土壤水盐及根系生物量的空间分布格局[J]．生态学报，2008，28(9)：4120~4127.

王庆成，程云环．土壤养分空间异质性与植物根系的觅食反应[J]．应用生态学报，2004，15(6)：1063~1068.

王向荣，政权，韩有志，等．水曲柳和落叶松不同根序之间细根直径的变异研究．植物生态学报，2005，29(6)：871~877.

王政权，郭大立．根系生态学[J]．植物生态学报，2008，32(6)：1213~1216.

王政权，张彦东，王庆成．氮、磷对胡桃楸幼苗根系生长的影响[J]．东北林业大学学报，1999，27(1)：1~4.

王政权．地统计学在生态学中的应用．北京：科学出版社，1999.

武小钢，郭晋平，杨秀云，等．芦芽山典型植被土壤有机碳剖面分布特征及碳储量[J]．生态学报，2011，31(11)：3009~3019.

卫星，刘颖，陈海波．黄菠萝不同根序的解剖结构及其功能异质性[J]．植物生态学报，2008，32(6)：1238~1247.

温达志，魏平，孔国辉，等．鼎湖山南亚热带森林细根生产力与周转[J]．植物生态学报，1999，23(4)：361~369.

薛建辉，王智，吕祥生．林木根系与土壤环境相互作用机制研究进展．南京林业大学学报，2002，26(3)：79~84.

荀俊杰，李俊英，陈建文，等．幼龄柠条细根现存量与环境因子关系．植物生态学报，2009，33(4)：764~771.

杨丽韫，罗天祥，吴松涛．长白山原始阔叶红松林及其次生林细根生物量与垂直分布特征．生态学报，2007，17(9)3609~3617.

杨万勤，张健，胡庭兴，等．森林土壤生态学[M]．成都：四川科学技术出版社，2006.

杨小林，张希明，李义玲，等．塔克拉玛干沙漠腹地 3 种植物根系构型及其生境适应策略[J]．植物生态学报，2008，32(6)：1268~1276.

杨秀云 . 华北落叶松人工林细根生物量季节动态及空间分布格局[D]. 山西农业大学硕士研究生论文, 2005.

杨秀云, 武小钢, 韩有志 . 关帝山亚高山华北落叶松林下植被根系生物量的时空变化[J]. 草业科学, 2007, 173(12): 14~18.

杨秀云, 韩有志, 张芸香 . 华北落叶松细根生物量及季节动态[J]. 山西农业大学学报, 2007, 27(2): 116~119.

杨秀云, 韩有志, 张芸香 . 距树干不同距离处华北落叶松人工林细根生物量分布特征及季节变化[J]. 植物生态学报, 2008, 32(6): 1277~1284.

杨秀云, 韩有志, 张芸香 . 关帝山华北落叶松人工林细根生物量空间分布及季节动态[J]. 植物资源与环境学报, 2008, 17(4): 37~40.

杨秀云 . 华北落叶松细根生物量异质性及其与土壤水分和氮营养异质性的关联性研究[D]. 山西农业大学博士研究生论文 . 2009.

杨秀云, 韩有志, 宁鹏, 等 . 采伐干扰对华北落叶松林下土壤水分、pH 和全氮空间变异的影响[J]. 土壤学报, 2011, 48(2): 356~365.

杨秀云, 韩有志, 宁鹏, 等 . 砍伐干扰对华北落叶松林下土壤有效氮含量空间异质性的影响[J]. 环境科学学报, 2011, 31(2): 430~439.

杨秀云, 韩有志, 张芸香 . 等 . 采伐干扰对华北落叶松细根生物量空间异质性的影响. 生态学报, 2012, 32(1): 64~73.

杨秀云, 郭平毅, 韩有志, 等 . 采伐干扰对林下草本根系生物量与土壤环境异质性关系的影响 . 植物科学学报, 2012, 30(6): 545~551.

杨秀云 . 华北山地典型森林及草甸群落土壤碳、氮营养及根系生物量的空间变异研究[D]. 太原: 山西农业大学, 2012.

杨玉盛, 陈光水, 何宗明, 等 . 杉木观光木混交林群落细根净生产力及周转[J]. 林业科学, 2001, 37(1): 35~41.

杨玉盛, 陈光水, 林鹏, 等 . 格氏栲天然林与人工林细根生物量、季节动态及净生产力[J]. 生态学报, 2003, 23(9)1719~1730.

张福锁, 申建波 . 根基微生态系统理论框架的初步构建[J]. 中国农业科技导报, 1999, 1(4): 15~20.

张金屯, 孟东平 . 芦芽山华北落叶松林不同龄级立木的点格局分析[J]. 生态学报, 2004, 24(1): 35~40.

张立桢, 曹卫星, 张思平, 等 . 棉花根系生长和空间分布特征[J]. 植物生态学报, 2005, 29(2): 266~273.

张琴妹, 张程, 刘茂松, 等 . 干旱区群落乔木层对草本层空间格局及形态特征的影响[J]. 生态学报, 2007, 27(4): 1265~1272.

张小全，吴可红．森林细根生产和周转研究[J]．林业科学，2001，37(003)：126～138.

张小全．环境因子对树木细根生物量，生产与周转的影响[J]．林业科学研究，2001，14(5)：566～573.

赵忠，李鹏，薛文鹏，等．渭北主要造林树种细根生长及分布与土壤密度关系．林业科学，2004，40(5)：50～55.

周顺利，张福锁，王兴仁．土壤硝态氮时空变异与土壤氮素表现盈亏II. 夏玉米[J]．生态学报，2002，22(1)：48～53.

周正朝，上官周平．人为干扰下子午岭次生林土壤生态因子动态变化[J]．应用生态学报，2005，16(9)：1586～1590.

作者简介

杨秀云，女，汉族，1976 年 11 月生，副教授，博士，博士后经历，现任职山西农业大学林学院。长期从事森林生态学及林木生理学方面的研究，在《植物生态学报》、《生态学报》等核心期刊发表研究性论文 20 余篇，专著 2 部，教材 1 部，审定品种 1 个，获山西省科技进步 3 等奖 1 项，审定省级品种 1 个。

作者简介

[illegible]